Elektronenmikroskopie

Bericht über Arbeiten des AEG Forschungs-Instituts 1930 bis 1941

Herausgegeben
von
Prof. Dr. Carl Ramsauer
Direktor des AEG Forschungs-Instituts

Mit über 200 Abbildungen

Zweite vermehrte Auflage des Selbstberichtes
„Zehn Jahre Elektronenmikroskopie“

Springer-Verlag Berlin Heidelberg GmbH 1942

3.—4. Tausend

Ursprünglich erschienen bei Springer-Verlag in Berlin 1942
Softcover reprint of the hardcover 1st edition 1942
ISBN 978-3-662-40914-5 ISBN 978-3-662-41398-2 (eBook)
DOI 10.1007/978-3-662-41398-2

Vorwort zur ersten Auflage.

Ende 1930, viele Jahre bevor sich andere industrielle Stellen des In- und Auslandes in eigener experimenteller Forschungs- und Entwicklungsarbeit der Elektronenmikroskopie zugewandt haben, begannen im AEG Forschungs-Institut die systematischen Untersuchungen mit dem Ziel, „die geometrische Optik für Elektronen durchzubilden" und „ein Elektronenmikroskop mit sehr starker Vergrößerung zu bauen". Im Vordergrund des Interesses stand die Erschließung eines neuen, der Lichtmikroskopie unzugänglichen Gebietes, nämlich die Mikroskopie der Elektronenstrahler und die Erforschung der hier zugrundeliegenden Vorgänge. Bei Anwendung sehr starker Vergrößerung konnte man außerdem hoffen, zu Auflösungen zu kommen, die dem Lichtmikroskop nicht mehr zugänglich sind. Heute, nach 10 Jahren, ist die geometrische Elektronenoptik weitgehend ausgebaut. Sie ist das Fundament, auf dem die neuzeitliche Oszillographen- und Fernsehröhre, der Bildwandler, das Elektronenmikroskop und manches andere Gerät gewachsen oder zu hoher Vollendung gebracht worden sind. Auch das „Elektronenmikroskop mit sehr starker Vergrößerung", das wir bei hoher Auflösung später als „Übermikroskop" bezeichnet haben, ist inzwischen verwirklicht worden.

Diese kleine Schrift soll über den engen Kreis der Fachleute hinaus der Allgemeinheit einen Einblick in unsere nunmehr zehnjährige Arbeit auf dem Gebiete der Elektronenmikroskopie geben. Bei dieser Aufgabe muß das Schwergewicht der Darstellung in den Bildern als den unmittelbaren Ergebnissen liegen, während die zur Erreichung dieser Ergebnisse erforderliche experimentelle und theoretische Vorarbeit trotz ihrer grundlegenden Wichtigkeit hier zurücktritt. Der Text ist, soweit es sich nicht um Fragen des grundsätzlichen Zusammenhanges und der historischen Entwicklung handelt, auf das Notwendigste beschränkt worden. — Auch für die Fachleute wird die Bildzusammenstellung als solche einen gewissen Wert haben. Die einzelnen Mitarbeiter, denen die Firma die Erfolge bei der Erschließung der Elektronenoptik und bei der Entwicklung und Anwendung des Elektronenmikroskops verdankt, gehen am vollständigsten aus dem Literaturverzeichnis hervor. Im Text sind sie gegenüber den gelegentlich genannten institutsfremden Autoren an allen wichtigeren Stellen durch Hinweis auf das Literaturverzeichnis gekennzeichnet.

Berlin-Reinickendorf, Dezember 1940.
AEG Forschungs-Institut.

C. Ramsauer.

Vorwort zur zweiten Auflage.

Die erste Auflage dieses Selbstberichtes war in wenigen Monaten vergriffen. Die Neuauflage wurde auf den letzten Stand gebracht. Sie entspricht der Erstauflage mit folgenden Änderungen: Die technischen Angaben über die verschieden benutzten Durchstrahlungsmikroskope sind nicht mehr durch die zugehörigen Elektronenaufnahmen getrennt, sondern in einem Abschnitt zusammengefaßt. Das übermikroskopische Bildmaterial, das durch viele neue Bilder erweitert wurde, ist ohne Rücksicht auf das benutzte Instrument nach Sachgebieten neu geordnet. Die Literatur ist bis Ende des Jahres 1941 ergänzt.

In der Zwischenzeit haben unsere Forschungen und Entwicklungen über das Elektronenmikroskop eine besondere Anerkennung gefunden. Die Preußische Akademie der Wissenschaften hat an den Entwicklungsleiter unserer elektronenoptischen Arbeiten Dr.-Ing. habil. Brüche und seine Mitarbeiter Dr. Boersch und Dr. Mahl, welche sich besonders um die Entwicklung des Durchstrahlungs-Übermikroskops verdient gemacht haben, die silberne Leibniz-Medaille verliehen. Neben diesen beiden durch die Verleihung ausgezeichneten Mitarbeitern der letzten Jahre dürfen insbesondere die älteren Mitarbeiter Dr.-Ing. Johannson und Prof. Dr. Scherzer nicht vergessen werden, deren Namen mit der Erschließung der Elektronenoptik und der ersten Entwicklung des Elektronenmikroskops im Forschungs-Institut verbunden bleiben werden.

Berlin-Reinickendorf, November 1941. C. Ramsauer.

Inhalt.

Seite

I. Elektronenoptik und Elektronenmikroskopie 7

Definitionen. — Aus der Entwicklungsgeschichte der Elektronenoptik. — Wellenoptik und geometrische Optik des Elektrons. — Die magnetische Linse. — Die elektrische Linse. — Elektrische Einzellinse.

II. Aus der Geschichte des Elektronenmikroskops 13

Aufgabestellung 1: Modellversuche über Elektronenbahnen in Feldern. — Aufgabestellung 2: Experimentelle Elektronenoptik. — Aufgabestellung 3: Emissionsmikroskopie. — Aufgabestellung 4: Übermikroskopie. — Aus der Entwicklung der elektrischen Einzellinse. — Aus der Entwicklung des elektrischen Elektronenbildes. — Erste elektronenoptische Oberflächenbilder. — Erste elektronenoptische Durchstrahlungsbilder. — Beispiele heute erreichbarer Abbildungsgüte.

III. Emissionsmikroskopische Bilder 29

Kathodenforschung: Glühkathode, Oxydkathode, Thoriertes Wolfram, Malter-Kathode, Fotokathode. — Metallurgie: Entstehen des Strukturbildes, Nickelstrukturbild, Strukturbild bei Platin usw., Sammelkristallisation, Eisenumwandlung, Gleitlinien. — Physik: Auflösungsvermögen, Korngrenzen, Schmelzvorgänge, Oberflächenschichten, Elektronenauslösung.

IV. Durchstrahlungs-Mikroskopie 59

Zweck des Mikroskops, Übermikroskopie und Beugung, Vom Mikroskop zum Übermikroskop, Schatten-Übermikroskop, Abbildungs-Übermikroskop.

V. Technik der Durchstrahlungs-Übermikroskopie 67

Vorbereitung eines Objektes, Einschleusen des Objekts, Scharfstellung des Elektronenbildes, Aufnahme des Elektronenbildes. — Präparation: Objektträgerfolie. — Methodik: Vergrößerungswahl, Dunkelfeld, Verschiedene Durchstrahlungsenergie, Stereoaufnahme. — Sonderverfahren: Beugung, Oberflächenabdruck. — Untersuchungstechnik: Dicke Objekte, Elektronenschäden, Verunreinigung, Vorgetäuschte Strukturen, Aufladungserscheinungen.

VI. Übermikroskopische Bilder aus der unbelebten Natur 95

Chemie: Kolloide, Fasern, Rost. — Korrosion. — Physik: Aufdampfschicht, Salzkristalloberfläche. — Kristallographie: Ätzfigur. — Werkstoffkunde: Ruß, Zinkweiß, Kathodenpaste. — Bearbeitungsverfahren. — Metallurgie: Ätzmittel. — Geätzte Metalle: Reinstaluminium, Eisen, Nickel, Kupfer, Messing, Hydronalium, Duraluminium, Nickel, Ausscheidungen. Galvanische Schichten.

VII. Übermikroskopische Bilder aus der belebten Natur 141

Zoologie: Schmetterlinge, Schneckenschale. — Botanik: Diatomeen. — Bakteriologie: Geißeln, Hüllen, Innenstruktur, Zerfall. — Medizin: Krankheitserreger, Bakteriophagen, Blutkörperchen, Zellen, Viren.

VIII. Veröffentlichungen 165

Buch-Veröffentlichungen: 1934. Geometrische Elektronenoptik; 1937. Beiträge zur Elektronenoptik. 1941. Elektronengeräte. Zehn Jahre Elektronenmikroskopie. Zeitschriften-Veröffentlichungen.

Zusatz bei der Korrektur.

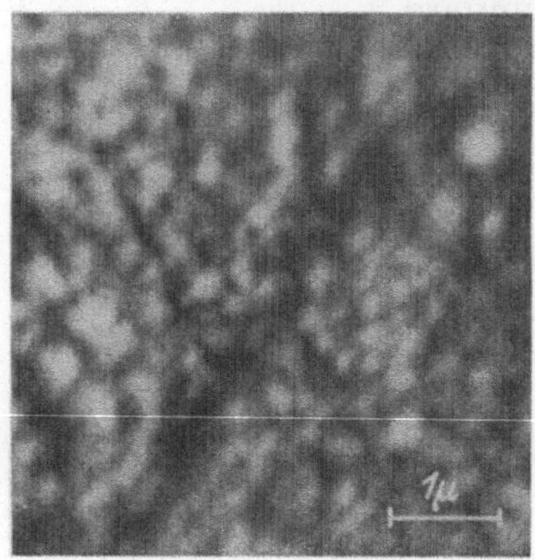

Erste übermikroskopische Aufnahme mit dem Immersionsobjektiv (Oxydkathode). Mecklenburg. Vergr.: 10000 fach.

Während der Drucklegung haben unsere Forschungen und Entwicklungen ein Ziel, das wir uns bereits 1932 gestellt hatten, erreicht: Das Elektronenmikroskop mit sehr starker Vergrößerung zur Verfolgung von Emissionsvorgängen, d. h. das Emissions-Übermikroskop.

Im Jahre 1934 hatten unsere Bemühungen, die Auflösungsgrenze des Lichtmikroskops zu erreichen, noch keinen Erfolg gehabt [36]*. Doch mit dem allgemeinen Fortschritt auf elektronenmikroskopischem Gebiet wurden auch hier die Leistungen mehr und mehr verbessert (vgl. S. 26). Nachdem wir mehrfach unsere Hoffnung, das Emissions-Übermikroskop erreichen zu können, ausgesprochen hatten [71, 135], stellte Recknagel durch die von ihm entwickelte Theorie des Emissionsmikroskops sicher, daß keine prinzipiellen Gründe die Erreichung der lichtoptischen Auflösungsgrenze unmöglich machen [145]. Nun ist durch Mecklenburgs Experiment gezeigt, daß das Immersionsobjektiv übermikroskopische Emissionsbilder zu geben vermag, wie es obige Aufnahme zeigt.

Das Emissions-Übermikroskop ist dem Durchstrahlungs-Übermikroskop an die Seite getreten. Damit ist auch die wissenschaftliche Streitfrage, ob es ein solches Emissions-Übermikroskop geben könne, endgültig im Sinne unserer Ansichten durch das Experiment entschieden.

22. 12. 41. E. Brüche

* Ziffern in eckigen Klammern [ ] beziehen sich auf unsere im Literaturverzeichnis zusammengestellten Arbeiten am Ende des Heftes. Bei wörtlichen Zitaten sind Hinweise im Originaltext auf Fußnoten und Veröffentlichungen meist fortgelassen.

I. Elektronenoptik und Elektronenmikroskopie.

Definitionen.

Der Tatsache, daß ein großer Teil der geometrischen Elektronenoptik im AEG Forschungs-Institut aufgebaut wurde, entspricht, daß die wichtigeren Definitionen des neuen Gebiets — wie sein Name selbst — durch unsere Arbeiten veröffentlicht wurden.

Die geometrische Elektronenoptik ist die Lehre von der Elektronenbewegung in elektrischen und magnetischen Feldern, unter optischem Gesichtspunkt betrachtet (1930 [1])*.

Das Elektronenmikroskop ist gegenüber einem Lichtmikroskop eine vergrößernde Vorrichtung, bei der Elektronenstrahlen an Stelle von Lichtstrahlen verwendet werden (1932 [2]).

Das Übermikroskop — genauer das Elektronen-Übermikroskop — ist ein Elektronenmikroskop, das über die Auflösungsleistung des Lichtmikroskops hinausgeht, was wegen der gegenüber den Lichtwellen um Größenordnungen kürzeren Wellenlänge bewegter Elektronen möglich ist (1933 [13]).

Der Bildwandler ist eine Anordnung zur Umwandlung eines Lichtbildes in ein Elektronenbild (1935 [48]).

Elektrisch (elektrostatisch) bzw. magnetisch, vor Elektronenoptik, Elektronenlinse, Elektronenmikroskop gesetzt, bedeutet, daß es sich um die Elektronenoptik, die Elektronenlinse, das Elektronenmikroskop usw. mit elektrischen bzw. magnetischen Linsenfeldern handelt (1932 [3]).

Die elektrische Einzellinse ist eine der Glaslinse entsprechende elektrische Elektronenlinse, die einzeln im Raum steht und zu deren beiden Seiten der Brechungsindex (Elektronengeschwindigkeit) gleich ist (1932 [5]).

Die elektrische Immersionslinse ist eine Elektronenlinse, an deren beiden Seiten der Brechungsindex (Elektronengeschwindigkeit) verschieden ist (1932 [26]).

Das elektrische Immersionsobjektiv ist eine Immersionslinse, die mit ihrem Feld an das Objekt anschließt (1933 [16]). Das Objekt kann dabei ein Selbststrahler (z. B. Kathode) oder ein durchstrahlter Gegenstand (z. B. Folie) sein.

---

* Die Zitate beziehen sich auf diejenigen Stellen unserer Arbeiten, an denen die betreffende Bezeichnung zum erstenmal in der Gesamtliteratur erscheint. (Vgl. das Literaturverzeichnis S. 168).

Aus der Entwicklungsgeschichte der Elektronenoptik.

Die Entwicklung der geometrischen Elektronenoptik ist aufs engste mit der Entdeckungsgeschichte des Elektrons verbunden. Auch für die Elektronenoptik ist die Entdeckung der magnetischen und elektrischen Ablenkung der Ausgangspunkt. Bei Goldstein, Crookes, Birkeland und anderen finden wir um 1880 die ersten Fokussierungserscheinungen durch Hohlspiegel-Kathoden und Schattenprojektionen beschrieben. Von Goldstein wurde auch das erste Elektronenbild erzielt, wenn man eine Projektionsabbildung, wie sie nebenstehendes Bild zeigt, so nennen darf. Jedoch erst 1906 wird eine elektrische Elektronenlinse im strengeren Sinne benutzt, der Wehnelt-Zylinder, den Westphal beschreibt.

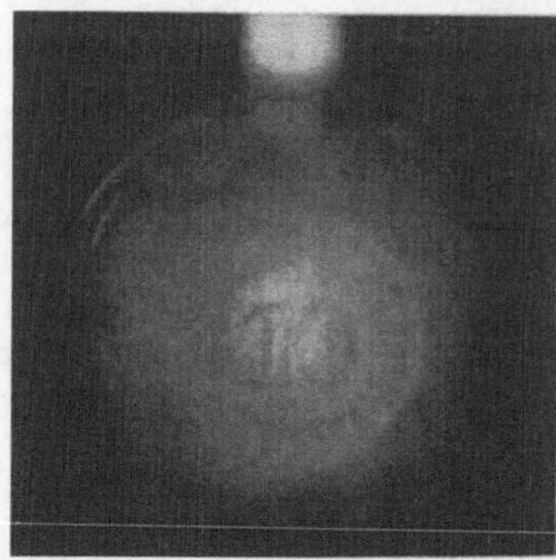

„Abbildung" mit einem Originalrohr Goldsteins.
Aus Brüche-Scherzer [26].

Die magnetische Linse ist in Gestalt der fokussierenden Stromspule schon früh benutzt. Plücker und Hittorf haben bereits die Verschraubung der Kathodenstrahlen beobachtet. Riecke beschäftigt sich 1881 theoretisch mit der Elektronenbewegung im homogenen Magnetfeld. Wiechert benutzt 1898 das Magnetfeld einer langen, über die Versuchsröhre geschobenen Spule zur Fokussierung. 1905 zeigt Rankin, daß auch eine übliche Spule, die kurz gegenüber dem Strahlenweg ist, ähnliche Wirkungen auf Elektronen ausübt. 1927 konzentriert Gabor durch seine Spulenkapselung die Wirkung auf einen engeren Bereich.

Die Theorie wird 1907 durch Störmer gefördert, der eine Gruppe von konzentrischen Stromringen in ihrer Wirkung auf Elektronen behandelt, aber erst 1926/27 gelingt Busch der abschließende Erfolg. Er erkennt auf theoretischem Wege, daß sich die Wirkung einer Spule auf Elektronenstrahlen im Resultat durch den Begriff der optischen Linse beschreiben läßt, wenn auch in den Einzelheiten der Wirkungsweise wesentliche Unterschiede vorhanden sind. Wolf, ein Schüler von Busch, ist der erste, der diese Erkenntnisse verwertet, indem er das Bild der Mitte eines Fadenkreuzes beobachtet. Bald darauf, im Jahre 1930, unterstreicht Brüche nochmals die Erkenntnisse von Busch, zieht verschiedene andere Parallelen und schließt das Gebiet durch den Begriff „geometrische Elektronenoptik" zusammen. Er weist ferner darauf hin, daß es auch elektrische Linsen, die an sich in den Formeln von Busch unerkannt enthalten waren, als selbständige Abbildungsorgane geben müsse und erkennt sie in einem aufgeladenen Ring (vgl. S. 11 u. 12). Doch erst 1931/32 tritt die elektrische Linse der magnetischen Linse als gleichberechtigt zur Seite: Davisson und Calbick rechnen die Brennweite von Blenden aus, Brüche und Johannson zeigen, daß sich mit elektrischen Lochblenden selbständige Abbildungsorgane aufbauen lassen und beweisen experimentell die Brauchbarkeit solcher Systeme, wobei sie die ersten neuartigen Elektronenbilder erzielen. Damit ist die elektrische Linse, das eigentliche Analogon zur Glaslinse, gefunden. Der Weg zum Gebiet der geometrischen Elektronenoptik mit elektrischen und magnetischen Linsen ist frei geworden, und die Nützlichkeit des Elektronenmikroskops ist durch das Experiment bewiesen.

Wellenoptik und geometrische Optik des Elektrons.

Um die Jahrhundertwende gilt das Bild des Elektrons als abgeschlossen. Das Elektron ist danach für den Physiker eine Korpuskel von bestimmter negativer Ladung, bestimmter Ruhmasse und einer Geschwindigkeit, die bis zur Lichtgeschwindigkeit reichen kann. Nach zwei Jahrzehnten, in denen besonders Versuche über die Wechselwirkung zwischen Elektron und Materie durchgeführt wurden, zeigen sich die ersten experimentellen Hinweise, daß das Bild des Elektrons noch nicht vollständig ist. Ramsauer findet 1920 die extreme Durchlässigkeit von Edelgasen gegenüber langsamen Elektronen, Davisson und Kunsman erzielen 1923 Reflexionen von Elektronen in bevorzugten Richtungen an Metallkristallen, beides Erscheinungen, die mit der Korpuskelvorstellung des Elektrons schwer vereinbar sind. Ein Jahr später stellt de Broglie die These auf, daß ein Elektron bestimmter Geschwindigkeit auch als Welle bestimmter Länge aufgefaßt werden könne. 1925 weist Elsasser darauf hin, daß bei den Versuchsergebnissen von Ramsauer sowie Davisson und Kunsman Interferenzerscheinungen im Sinne de Broglies vorliegen könnten. 1927 veröffentlichen Davisson und Germer Versuche über Elektroneninterferenzen am Nickel-Einkristall, bei denen sie die Gültigkeit der de Broglieschen Beziehung nachweisen. Damit ist erkannt, daß das Elektron gleichzeitig Korpuskel- und Wellennatur besitzt. Eine weitere besonders anschauliche Parallele zwischen bewegten Elektronen und kurzen Lichtwellen erzielt 1928 als erster G. P. Thomson, dem es gelingt, die von Röntgenstrahlen her bekannten Debye-Scherrer-Ringe auch beim Durchgang schneller Elektronen durch dünne Folien nachzuweisen.

Gegen die Deutung aller dieser Versuchsergebnisse könnte man noch Bedenken erheben, da in allen Fällen die Streuung an Körpern von atomaren Dimensionen erfolgt und infolgedessen die Versuchsergebnisse vielleicht durch Wechselwirkungen zwischen Elektron und Atom in unbekannter Weise beeinflußt werden. Ein Versuch fehlt noch, nämlich der direkte Nachweis des Wellencharakters durch Interferenzerscheinungen an makroskopischen Objekten. Die inzwischen entwickelte geometrische Elektronenoptik macht 1940 die Durchführung dieses Versuches möglich. Boersch [127] erzeugt einen äußerst feinen Brennfleck, von dem aus er die Kante einer Halbebene bestrahlt. Damit werden Fresnelsche Beugungsstreifen erzielt, und es wird so der Wellencharakter des Elektrons mit der gleichen Sicherheit wie der des Lichtes bewiesen. So hat das eine Teilgebiet der Elektronenoptik, die geometrische Elektronenoptik, dem anderen Teilgebiet, der Wellenoptik des Elektrons, zu dem Schlußglied verholfen, das zum überzeugenden Beweise der Wellennatur des Elektrons noch fehlte. Geometrische Optik und Wellenoptik des Elektrons sind heute die beiden Disziplinen der Elektronenoptik, die der geometrischen und der Wellenoptik des Lichtes entsprechen. Die geometrische Elektronenoptik beherrscht die geometrischen Strahlengänge, die Wellenoptik des Elektrons beherrscht die Feinstruktur der Bilder und bestimmt die Auflösungsgrenze der Apparatur. Für die Elektronenmikroskopie ist das Verhältnis *ähnlich* wie bei der elementaren und der Abbeschen Auffassung des Lichtmikroskops.

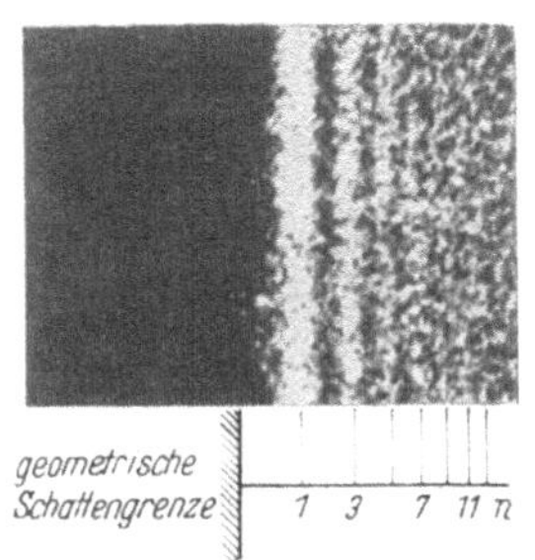

Elektronenbeugung an einer Kante nach Boersch [127]
(1, 3, 5 theoretische Lage d. Maxima)

Die magnetische Linse.

Die magnetische Linse ist ein rotationssymmetrisches magnetisches Feld (Beispiel: Stromspule).

Die magnetische Linse entspricht im Endergebnis ihrer Wirkung der Glaslinse. Ihre Funktion im einzelnen ist dagegen ganz anders. Für sie ist die Konstanz der Elektronengeschwindigkeit und die in der Lichtoptik unbekannte Bilddrehung charakteristisch.

Die magnetische Linse wurde 1925-27 von H. Busch erkannt und mathematisch behandelt, Brüche [1] referierte 1930 die Untersuchungen von Busch in unserer ersten elektronenoptischen Arbeit mit folgenden Worten:

> ***„Es gelang ihm dabei, eine geometrische Optik für Elektronen zu entwickeln, in der die Konzentrationsspule an die Stelle der optischen Sammellinse tritt. Busch konnte zeigen, daß sogar die bekannte Linsenformel der Optik Gültigkeit hat, wenn man die von einer punktförmigen Elektronenquelle ausgehenden Elektronen durch eine kurze Spule zu einem Brennpunkt wiedervereinigt. Die Analogie geht noch weiter: Ist die Elektronenquelle nicht punktförmig, sondern z. B. ein Draht, so wird genau wie in der Optik durch die Spule ein umgekehrtes Bild entworfen, dessen Größe durch die gleichen Beziehungen wie in der geometrischen Optik berechenbar ist. Auch die Linsenfehler, so z. B. die Aberration, hat ihr Analogon. Es scheint weiter möglich zu sein, die Wirkungsweise eines inhomogenen Magnetfeldes von endlicher Ausdehnung in ähnlicher Weise zu beschreiben, wie in der elementaren geometrischen Optik mit Hilfe der Gaußschen Hauptebenen“.***

Die magnetische Linse wird heute meist in der Form einer „gepanzerten Spule" benutzt, d. h. einer Spule, bei der das Außenfeld bis auf einen kleinen Bereich im Spuleninnern durch einen magnetischen Schluß aufgenommen ist. Auf diese Weise lassen sich die für das magnetische Übermikroskop erforderlichen kräftigen Felder geringer Ausdehnung erzielen. Die gepanzerte Spule ist von Gabor angegeben und durch Ruska, Knoll und v. Borries wesentlich verbessert und in die heute benutzten Formen gebracht worden.

Eine andere brauchbare Linsenform, die sich ebenfalls bei dem magnetischen Übermikroskop bewährt hat, ist die Jochlinse, die Kinder und Pendzich [113] für das Jochlinsen-Übermikroskop [141] verwandten, worüber man S. 18 vergleiche.

Die elektrische Linse.

Die elektrische (oder elektrostatische) Linse ist ein rotationssymmetrisches elektrisches Feld (Beispiel: aufgeladener Ring).

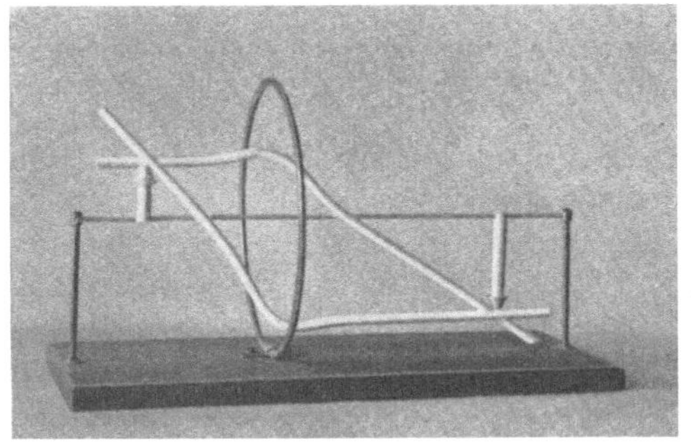

Die elektrische Linse entspricht nach dem Ergebnis ihrer Wirkung und den Einzelheiten ihrer Arbeitsweise weitgehend der Glaslinse.

Die elektrische Linse wurde ebenso wie die magnetische Linse, lange bevor man ihren Charakter als Abbildungselement erkannt hatte, benutzt. In einer Arbeit von Jones und Tasker aus dem Jahre 1924 tauchte sie in der Form des oben erwähnten aufgeladenen Ringes auf, der der Beeinflussung der gaskonzentrierten Strahlen diente. Die Erkenntnis des Linsencharakters ist jedoch weder in dieser noch in den Arbeiten der nächsten Jahre enthalten. Erst 1930 stellte Brüche [1] in unserer ersten elektronenoptischen Arbeit diesen aufgeladenen Ring der Fokussierungsspule, deren Linsencharakter er in dem Abschnitt zuvor (s. Kursivtext auf der Gegenseite) behandelt hatte, mit folgenden Worten zur Seite:

> ***„Gelingt es, einen Elektronenstrahl magnetisch zu fokussieren, so muß es auch elektrisch gelingen ... Nachträgliche Wiedervereinigung durch elektrische Felder, ähnlich wie mit der Striktionsspule, führten Jones und Tasker durch, indem sie einen aufgeladenen Ring um den divergierenden Elektronenstrahl legten".***

Über die Erkennung dieser Linse sagte 1936 H. Busch, der Begründer der geometrischen Elektronenoptik, in seinem Hauptvortrag auf der Physikertagung:

> ***„Soviel über die Grundlagen. Sie wurden 1926/27 im Hinblick auf die magnetische Konzentrierung von Kathodenstrahlen entwickelt, nur die in ihnen enthaltene Folgerung der Existenz der elektrischen Linse als selbständigen Abbildungsorgans wurde damals noch nicht gezogen, diese Möglichkeit wurde vielmehr erst 1931/32 unabhängig von Davisson und Calbick einerseits und Brüche und Johannson andererseits erkannt".***

Die elektrische Linse wird heute für das Emissionsmikroskop in der Form des „Immersionsobjektivs", für das Durchstrahlungs-Übermikroskop in der Form der „Einzellinse" benutzt (vgl. S. 7 u. 12).

Immersionsobjektiv [3] und Einzellinse [5, 8] wurden als elektronenmikroskopische Abbildungselemente von Brüche und Johannson angegeben. Für das elektrostatische Übermikroskop wird die Einzellinse heute in der von Boersch [99] und Mahl [98] den Hochspannungsanforderungen angepaßten Form benutzt (s. folgende Seite).

Elektrische Einzellinse.

Der aufgeladene Ring (s. vorige Seite) wird als Elektronenlinse in dieser einfachsten Form nicht verwendet. Bei der praktischen Ausführung der „Einzellinse" (vgl. S. 7) werden noch auf beiden Seiten des aufgeladenen Ringes Gegenelektroden angebracht, unter deren Wirkung das elektrische Feld auf einen wesentlich kleineren Bereich zusammengedrängt wird.

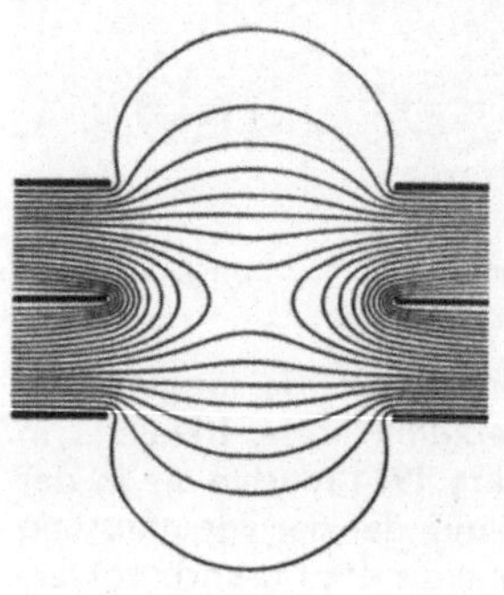

Potentialfeld einer einfachen Einzellinse. Diese nebenstehende einfache Einzellinse besteht aus drei Lochblenden, deren mittlere dem aufgeladenen Ring (s. vorige Seite) entspricht. Die Mittelelektrode wird gegenüber den beiden miteinander verbundenen äußeren Elektroden aufgeladen. Es entsteht so eine Folge von rotationssymmetrischen Potentialflächen, die den brechenden Flächen von Glaslinsen entsprechen. Die Gesamtwirkung aller dieser brechenden Potentialflächen, die in ihrem wirkenden Bereich nahe der Achse in erster Näherung als Kugelflächen aufgefaßt werden können, ist die eines Sammelsystems, ganz gleich, ob die Mittelelektrode negativ oder positiv gegenüber den Außenelektroden aufgeladen ist.

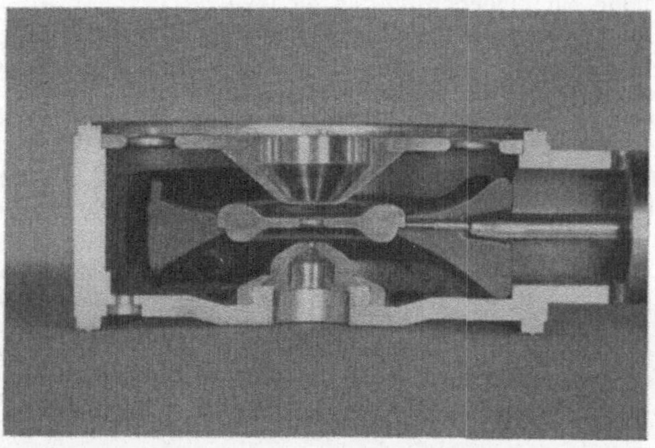

Aufbau einer Hochspannungs-Einzellinse. Diese Linse wird im elektrostatischen Übermikroskop verwendet. Aus Gründen der Spannungsfestigkeit sind die Außenelektroden nur im Mittelbereich nahe an die Mittelelektrode herangeführt. Die Mittelelektrode selbst hat aus gleichen Gründen eine Außenwulst. Die Linse ist für 50—60 kV gebaut und hat z. B. bei 2 mm lichter Weite der Mittelelektrode eine Brennweite von 2,5 mm. — Über die Entwicklung der Einzellinse vgl. S. 20/21.

II. Aus der Geschichte des Elektronenmikroskops.

Aus den Versuchen von 1928/31 über gaskonzentrierte Elektronenstrahlen und ihrer Anwendung zur Modelldarstellung von Störmers Polarlichttheorie entwickelte sich im AEG Forschungs-Institut die elektrische Elektronenoptik. Die Etappen dieser Entwicklung sind: Modellversuche über Elektronenbahnen in magnetischen und elektrischen Feldern — Experimentelle Untersuchungen über geometrische Elektronenoptik — Mikroskopie selbstemittierender Objekte — Übermikroskopie durchstrahlter Objekte.

Aufgabestellung 1: Modellversuche über Elektronenbahnen in magnetischen und elektrischen Feldern.

1930 *„Es ist ohne weiteres einleuchtend, daß die Fadenstrahlen zur Durchführung mancher physikalisch interessanten Versuche geeignete Hilfsmittel sind. So bietet es jetzt — abgesehen von der Möglichkeit, elektrische und magnetische Ablenkbarkeit der Elektronen anschaulich zu zeigen — keine Schwierigkeit mehr, das Verhalten der Strahlen in verschieden gearteten Feldern zu untersuchen und so auf die Struktur der Felder zu schließen“.* [1]*)

1929/30 Polarlichtexperiment.

Die Elektronen wurden in das magnetische Dipolfeld der Modellerde (Terella) geschossen. Der leuchtende Elektronenstrahl zeigt die Bahn der Elektronen, die unter entsprechenden Bedingungen von der Sonne her in das Magnetfeld der Erde gelangen.
Brüche und Ende [Phys. Z. 31. 1015. 1930].

*) Dieser und die folgenden Kursivtexte sind Zitate aus den angegebenen Arbeiten.

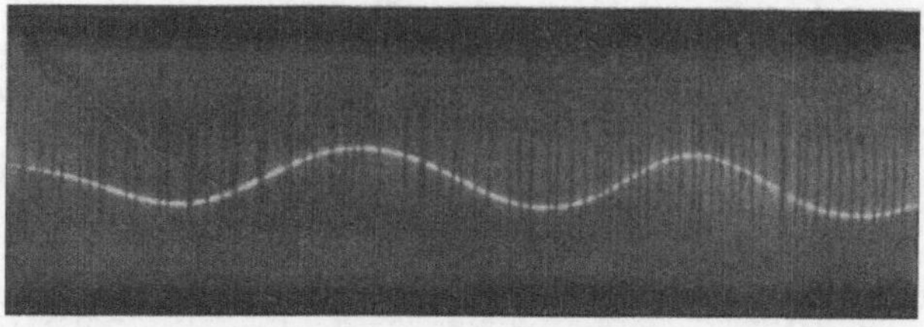

1929/30 Elektronenbewegung im homogenen Längsfeld.

Das Feld wurde von einer sehr langen Stromspule geliefert, deren Drähte sichtbar sind. Die Elektronen beschreiben Schraubenlinien (in der Projektion: Sinuslinien). Brüche u. Ende [1].

1930 Elektronenbewegung im nahezu homogenen Querfeld.

Das Feld wurde durch eine senkrecht zur Zeichenebene stehenden Stromspule erzeugt, wie sie als magnetische Linse benutzt wird. Da die Krümmung der Elektronenbahn der Feldstärke proportional ist, zeigt die Figur, daß die Feldstärke in der Spulenmitte am stärksten ist. Bei vollständig homogenem Feld würde sich ein Kreis ergeben.

Brüche [Naturwiss. 18, 1085, 1930.]

Aufgabestellung 2: Experimentelle Elektronenoptik.

1932 *„Die geometrische Elektronenoptik soll durchgebildet werden, wobei mit einer „optischen Bank“ die Abbildungsgesetze bei Elektronen studiert und demonstriert werden“.* [2]

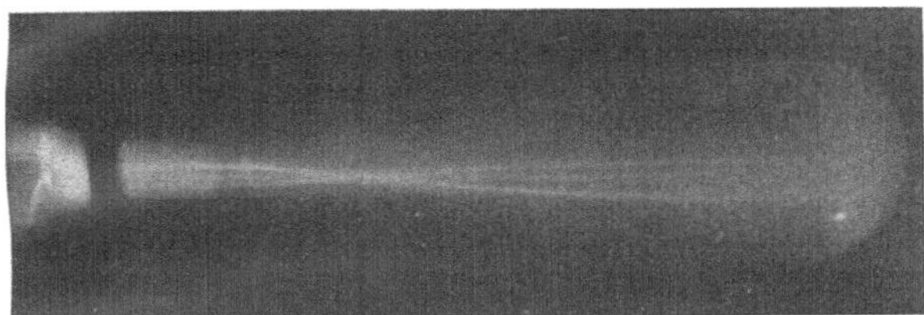

1930/31 Fokussierung und Überkreuzung von Elektronenstrahlen bei einer magnetischen Linse.

Ein gaskonzentrierter Elektronenstrahl wird unter bestimmter, wählbarer Neigung durch eine als Linse wirkende kurze Spule geschossen. Die entstehende Bahn ist bei verschiedenen Anfangsneigungen auf der gleichen Platte photographiert. So entstand obiges Bild, das die Fokussierung und Überschneidung von Elektronenbahnen demonstriert, die von einem und demselben Achsenpunkte kommend zu denken sind. Mit schwächerem Spulenstrom läßt sich auch die Parallelisierung von Elektronenbahnen zeigen.

Brüche [132].

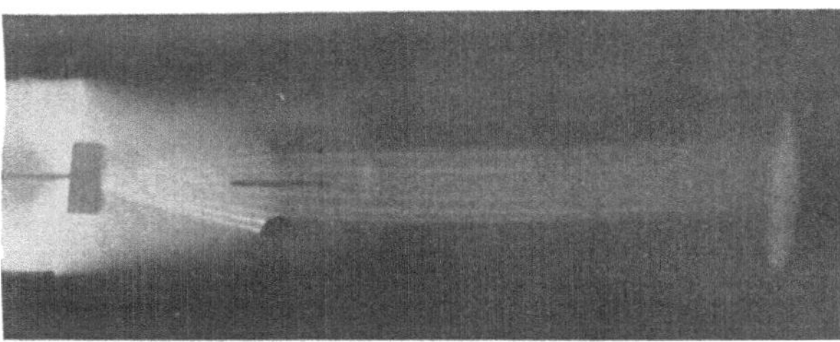

1931 Parallelisierung von Elektronenstrahlen durch eine elektrische „Linse“.

Bei diesem Versuch wird ein breites Elektronenbündel durch ein Netz in Einzelstrahlen aufgeteilt. Die Strahlen durchlaufen nun das elektrische Feld eines als Linse angesehenen Doppelkondensators, in dem sie parallelgerichtet werden. Ebenso läßt sich die Fokussierung zeigen.

Brüche und Johannson [2].

Aufgabestellung 3: Emissionsmikroskopie.

1932 *„Unter Benutzung der auf diese Weise erworbenen Kenntnisse soll ein „Elektronenmikroskop“ mit sehr starker Vergrößerung gebaut werden, um mit ihm den Emissionsvorgang einer Oxydkathode zu verfolgen ...“.* [1]

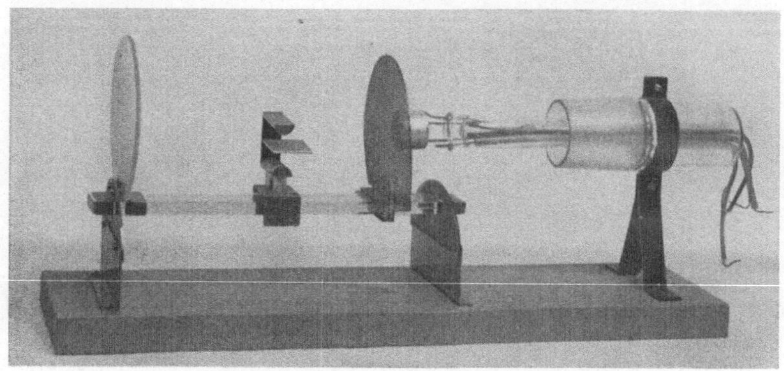

1931 Erstes elektrisches Elektronenmikroskop.

Apparatur, mit der Brüche und Johannson die Abbildung eines durchstrahlten Netzes zu erzielen gedachten, wobei sie die Abbildbarkeit von Glühkathoden durch elektrostatische Linsen fanden [2, 3].

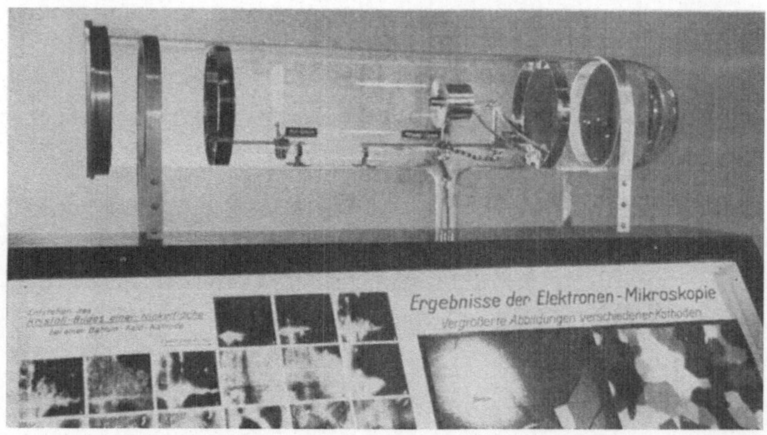

1932 Älteres elektrostatisches Emissions-Elektronenmikroskop.

Emissionsmikroskop nach Brüche und Johannson, das aus der ersten Apparatur (siehe oben) entwickelt wurde [3, 6]. Aufgestellt im Deutschen Museum. (Vgl. F. Fuchs, Deutsches Museum, Guericke-Ausstellung 1936, S. 42). Die Eigenschaften der Anordnung werden in der Dissertationsarbeit von Johannson untersucht [16].

Aufgabestellung 4: Übermikroskopie.

1933 *„Bei der Weiterentwicklung der Abbildungssysteme geht die Arbeit dem fernen Ziel des „Übermikroskops" entgegen, d. h. eines Mikroskops, das infolge der Kleinheit der Elektronenwellenlänge auch dann noch aufzulösen vermag, wenn das Lichtmikroskop längst seine prinzipielle Grenze erreicht hat".* [13]

1934 *„Die Hoffnung der Elektronenmikroskopie ist es, die prinzipiellen Möglichkeiten auszunutzen, die sich bei der Verwendung der kurzwelligen Elektronenstrahlung zur Abbildung bieten ... Heute stehen wir am Anfang der Entwicklung des Übermikroskops".* [26]

1936 Elektrostatisches Elektronenmikroskop.

Elektrisches Immersionsobjektiv nach Behne für durchstrahlte und sekundäremittierende Objekte. Diese elektrische Linse steht in der Art ihres Potentialfeldes in der Mitte zwischen dem Immersionsobjektiv nach Brüche und Johannson und der Hochspannungseinzellinse nach Boersch und Mahl, wie sie heute als Objektiv des elektrostatischen Abbildungs-Übermikroskops benutzt wird. Dieses Elektronenmikroskop bildet den Übergang von den Emissions- zu den Durchstrahlungs-Elektronenmikroskopen mit elektrischen Linsen. Seine Eigenschaften wurden in der Dissertation von Behne [62] geklärt.

1939 *„Während mit magnetischen Linsen seit 1932 fortlaufend Untersuchungen zur Erzielung sehr hoher Auflösung durchgeführt und veröffentlicht worden sind, ist bisher über entsprechende Versuche mit elektrischen Elektronenlinsen kaum etwas bekannt geworden. Daraus könnte der Eindruck entstehen, daß es nicht möglich sei, mit elektrischen Linsen ebenfalls die Auflösungsgrenze des Lichtmikroskops ... zu unterschreiten. In Wirklichkeit liegt natürlich kein Grund zu einer solchen Annahme vor ... Die Aufnahme zeigt also, daß auch mit dem elektrischen Elektronenmikroskop die Auflösungsgrenze des Lichtmikroskops wesentlich unterschritten werden kann".* [103]

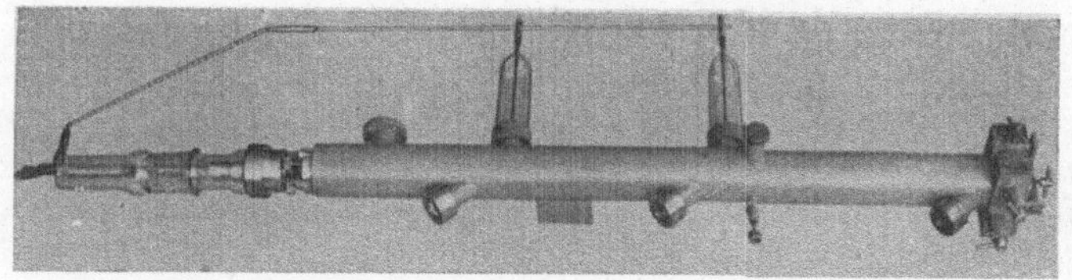

1939 Elektrostatisches Schatten-Übermikroskop.

Dieses Elektronen-Übermikroskop für durchstrahlte Objekte nach Boersch [99, 104] ist das einfachste Übermikroskop. Durch ein zweistufiges Verkleinerungssystem, das mit zwei elektrischen Linsen arbeitet, wird ein sehr feiner Überkreuzungspunkt der Elektronenstrahlen hergestellt, von dem aus das Objekt als starkvergrößerter „Schatten" auf den Leuchtschirm projiziert wird [vgl. S. 64].

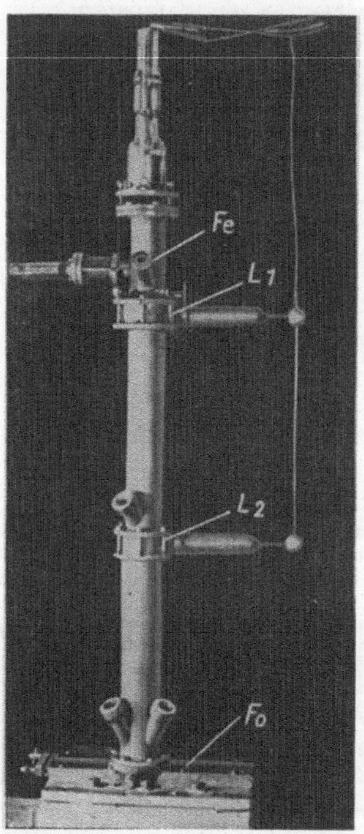

1939 *Elektrostatisches* Abbildungs-Übermikroskop

für durchstrahlte Objekte nach Mahl [98, 102]. Dieses Gerät ist das erste Übermikroskop, das mit elektrostatischen Linsen arbeitet: L_1 und L_2 Elektronenlinsen, Fe Fenster, Fo Fotografiereinrichtung.

1940 Magnetisches Abbildungs-Übermikroskop

für durchstrahlte Objekte nach Steudel, Kinder und Pendzich [113]. Erstes Elektronen-Übermikroskop für Spannungen über 100 kV. Es verwendet nicht gekapselte Spulen, sondern unsere Doppeljochlinsen.

1940 *„Unser Übermikroskop, das nach zehnjähriger Entwicklungsarbeit jetzt in seinem grundsätzlichen Aufbau vorliegt, benutzt nicht, wie das Übermikroskop nach Ruska, die magnetische Elektronenlinse, sondern unsere elektrostatische Abbildungsoptik. Für die Wahl des elektrostatischen Prinzips sprach die wesentlich größere Einfachheit von Konstruktion und Handhabung, gegen diese Wahl sprach die wesentlich größere Schwierigkeit der physikalischen und technischen Durchbildung“.* [109]

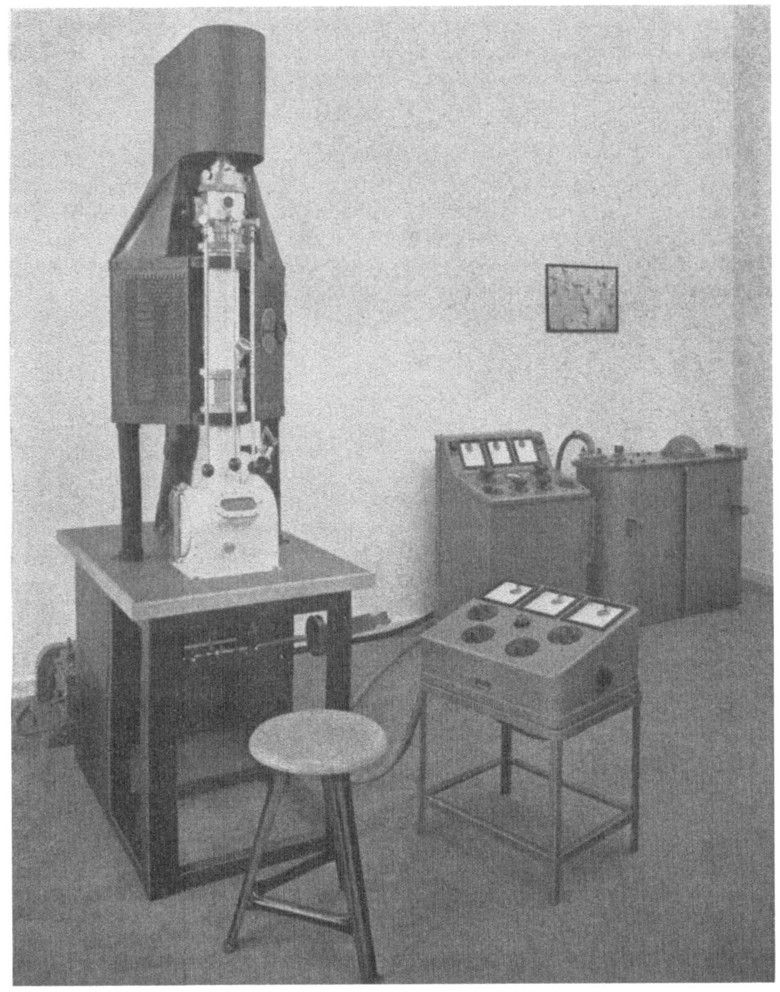

Elektrostatisches Übermikroskop (Modell 1940) mit Spannungsanlage.

Aus der Entwicklung der elektrischen Einzellinse.

Da die geometrische Elektronenoptik nur der Ausdruck dafür ist, daß man die aus der geometrischen Optik bewährte Anschauungsweise auf das Gebiet der Elektronenbewegung in Feldern angewandt hat, sind die „Elemente der geometrischen Elektronenoptik" schon bekannt gewesen, lange bevor man von ihr sprach. So benutzte z. B. bereits 1906 Westphal eine fokussierende Anordnung in Form des Wehnelt-Zylinders mehr als 20 Jahre, bevor die Elektronenlinsen erkannt wurden. Auch viele Einzelformen stammen aus der Zeit vor der Elektronenoptik. So wurde die „Immersionslinse" aus Lochblenden bereits 1923 durch Lilienfeld beschrieben. Die „Einzellinse" in ihrer konstruktiv einfachsten Form als aufgeladener Ring kommt 1924 in einer Arbeit von Jones und Tasker vor. Doch auch die Linse aus Lochelektroden gleichen Potentials, zwischen denen eine Lochelektrode auf abweichendem Potential sitzt, ist bereits in einer französischen Patentschrift von 1928 enthalten.

Die Elektronenoptik hat die Wirkungsweise dieser und anderer Elektrodenanordnungen verstehen gelehrt und den Impuls zu ihrem wissenschaftlichen Studium und zu ihrer technischen Durchbildung geliefert. Aus dieser Entwicklung, für die besonders die theoretischen Arbeiten von Scherzer [9], Henneberg [54] und Recknagel [77, 78] von Bedeutung waren, seien einige experimentelle Stadien im folgenden gezeigt.

1932

Erste Einzellinse nach Brüche und Johannson [5, 9].

Die Einzellinse (vgl. S. 7 und S. 12) besteht aus zwei Außenelektroden und einer dagegen aufgeladenen Mittelelektrode. Bei der ersten Einzellinse waren die drei Elektroden flache Lochblenden in gleichem Abstand. Die Linse, deren Elektroden durch Bernsteinstifte gegeneinander isoliert gehaltert wurden, wurde bis zu einigen hundert Volt Spannungsdifferenz zwischen den Elektroden benutzt.

1935

Einzellinse aus Untersuchungen nach Behne [62, 63, 69]

[bisher unveröffentlicht]. Bei dieser Linsenform sind die Außenelektroden als Trichter ausgebildet, die sich zur Linsenmitte öffnen. So wird eine Verringerung der Linsenfehler erreicht, wie es Messungen von Johannson gezeigt haben, der auf diese Weise die Linsenfehler verringern konnte. Dieser Fortschritt mußte bei der folgenden Konstruktion aus Hochspannungsgründen wieder aufgegeben werden.

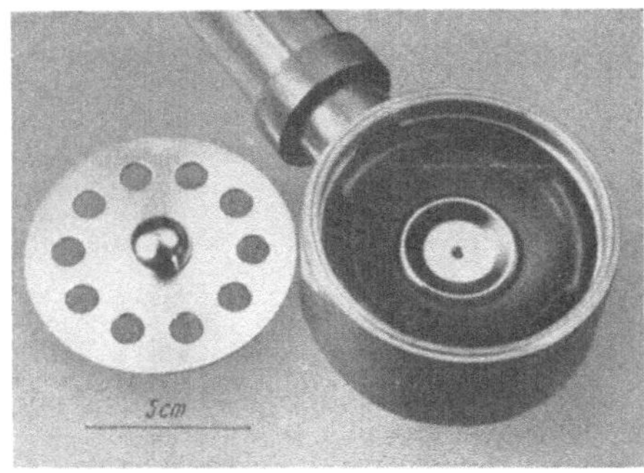

1939 Hochspannungs-Einzellinse,

wie sie für ältere elektrostatische Übermikroskope, so für das Abbildungs-Übermikroskop von Mahl [102, 108, 116] und in ähnlicher Form für das Schattenmikroskop von Boersch [104, 115] benutzt wurde. Die Mittelelektrode ist in einem Hartgummiring eingedrückt. Durch einen seitlich herausgeführten Stift wird eine negative Spannung von 50 kV zugeführt. Der Mittelelektrode stehen beiderseitig die auf dem Potential des geerdeten Gehäuses befindlichen Gegenelektroden gegenüber, die aus Hochspannungsgründen nur in dem wirksamen Bereich um die Achse der Mittelelektrode genähert sind (Schnitt s. S. 12).

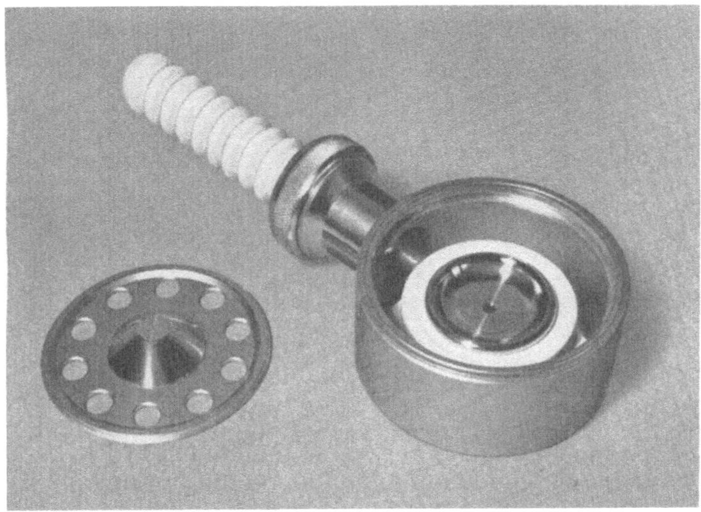

1941 Hochspannungs-Einzellinse nach Mahl,

wie sie heute im elektrostatischen Übermikroskop benutzt wird. Der Hartgummiring der obigen Linse von 1939 ist durch einen Kalit-Körper in Form eines Dreifußes ersetzt. Die Mittelelektrode besteht aus zwei verschraubbaren Teilen, die einen festen Sitz in dem Kalit-Körper gewährleisten. Die Linsenelektroden können bei dieser Form leicht mit der erforderlichen Genauigkeit von $^1/_{100}$ mm zueinander justiert werden.

Aus der Entwicklung des elektrischen Elektronenbildes.

Erste Bilder von 1931.

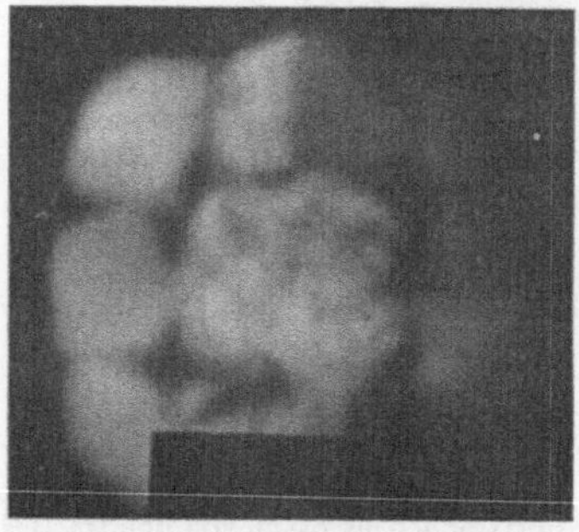

Erstes aufgenommenes Elektronenbild einer Glühkathode mit dem Schatten eines Netzes.

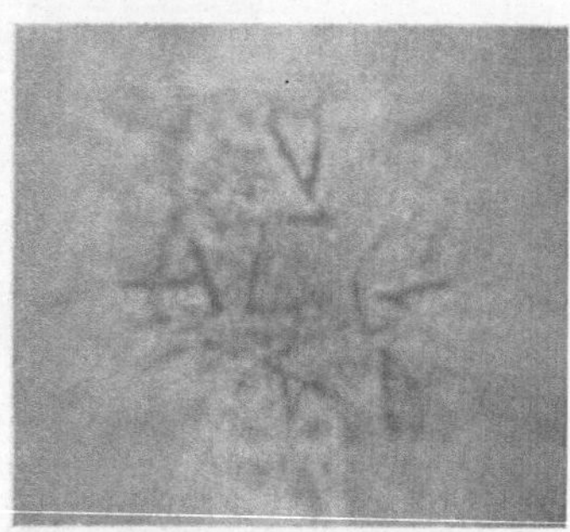

Elektronenbild zum Beweis der Abbildung geometrischer Strukturen.

(etwas verkleinert wiedergegeben)
Brüche und Johannson [132]

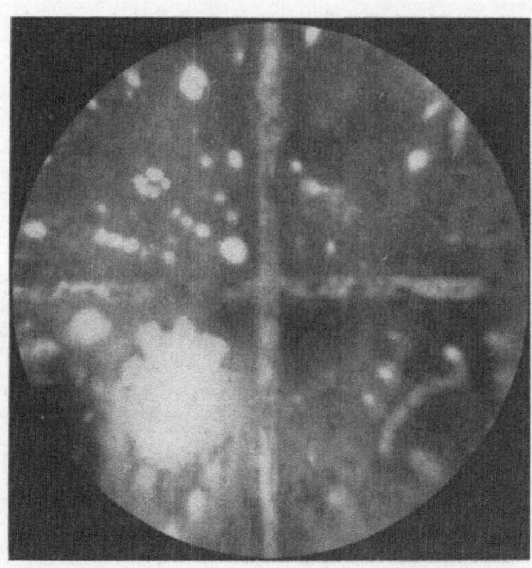

Erstes veröffentlichtes Elektronenbild einer Glühkathode, zugleich die erste veröffentlichte Aufnahme, die mit elektrischen Linsen erhalten wurde. Es ist die erste Aufnahme, die mehr als Umrisse von Blenden, Leuchtflecke und Netze zeigte. Das Bild bewies die Möglichkeit, mit der elektronenmikroskopischen Methode neue Gebiete zu erschließen. 1932 Brüche und Johannson [3].

Vergr. Original: 80fach,
Wiedergabe: 220fach.

Erste elektronenoptische Oberflächenbilder.

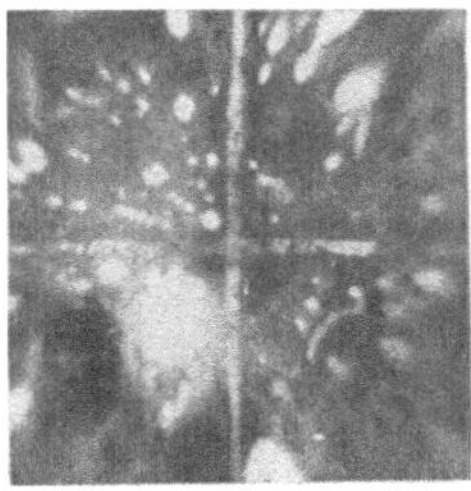

1932
Erstes Glühkathodenbild.
Brüche und Johannson [3].
Vergr.: 80fach.

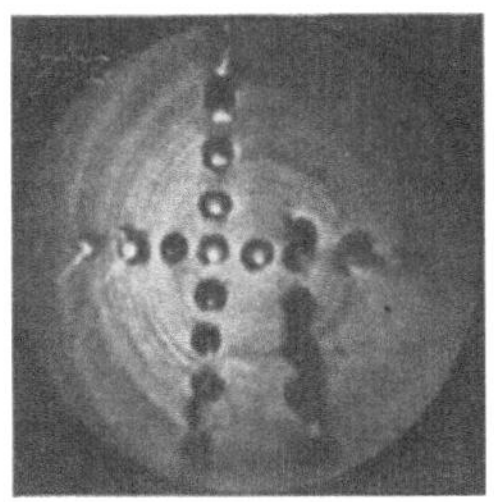

1933
Erstes Kathodenbild mit lichtelektrischen Elektronen und kurzer magnetischer Linse.
Brüche [18]. Vergr.: 3,5fach.

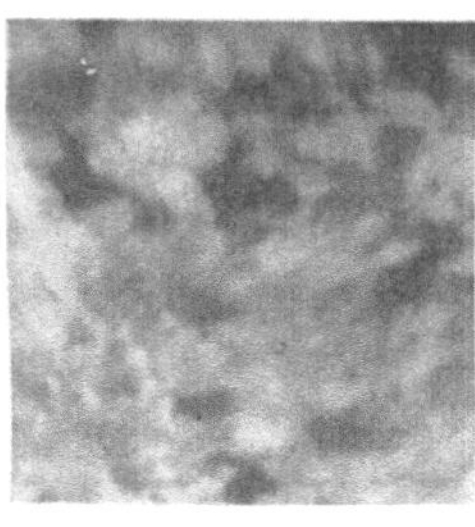

1932
Erstes Strukturbild.
Brüche und Johannson [8].
Vergr.: 100fach.

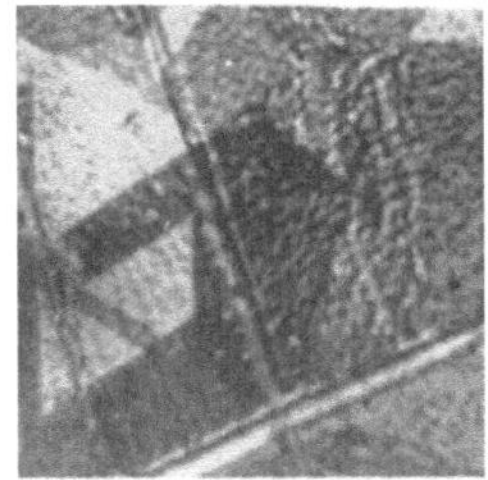

1933
Erstes Aktivierungs-Strukturbild.
Brüche und Johannson [13].
Vergr.: 50fach.

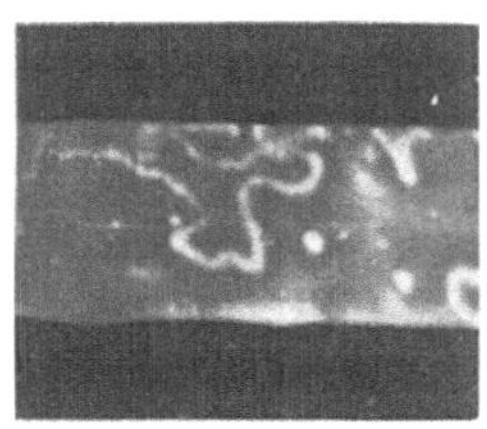

1935
Erstes *Bild eines* Drahtes.
Mahl [57]. Vergr.: 25fach.

1940
Erstes Abdruckbild.
Mahl [119]. Vergr.: 21 000fach.

Erste elektronenoptische Durchstrahlungsbilder.

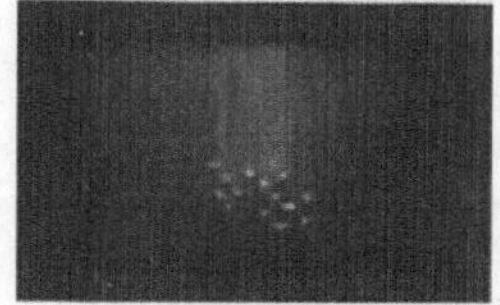

1931

„Abbildung" eines Netzes, die unter Mitwirkung von Gaskonzentration zustande kam.
Engel [5].
(Erst 1932 veröffentlicht.)

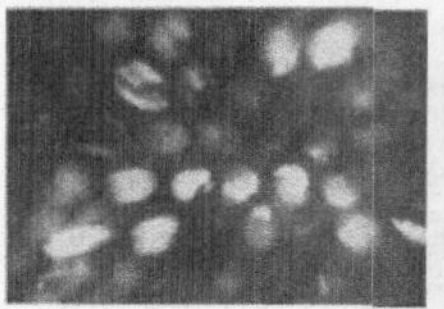

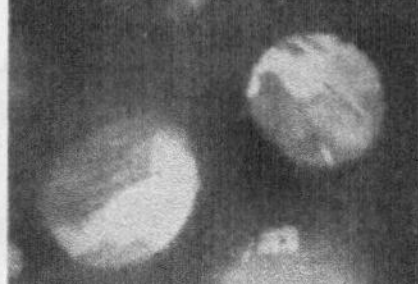

1932

Erste Folienabbildung. Zerrissene Goldfolie auf einer Wabenplatte (Lenardfener). 35 ekV-Elektronen. Brüche und Johannson [8]. Vergr.: 2 u. 9 fach.
(Die Bilder wurden September 1932 auf der Physikertagung im Diapositiv gezeigt. In der Veröffentlichung des Tagungsvortrages [8] wurde auf sie hingewiesen. Sie wurden 1933 im Druck wiedergegeben [13].

1932
Erstes Umrißbild mit elektr. Einzellinse
Johannson u. Scherzer [9].
Vergr.: 27fach.

1936
Erstes Umrißbild mit elektr. Immersionsobjektiv.
(Zerrissene Folie).
Behne [62]. Vergr.: 60fach.

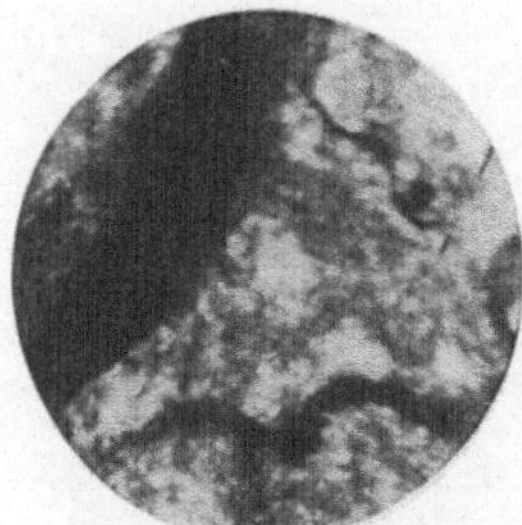

1936
Erste Dunkelfeldabbildung (Zerrissene Goldfolie).
30 ekV-Elektronen.
Boersch [65]. Vergr.: 16fach.

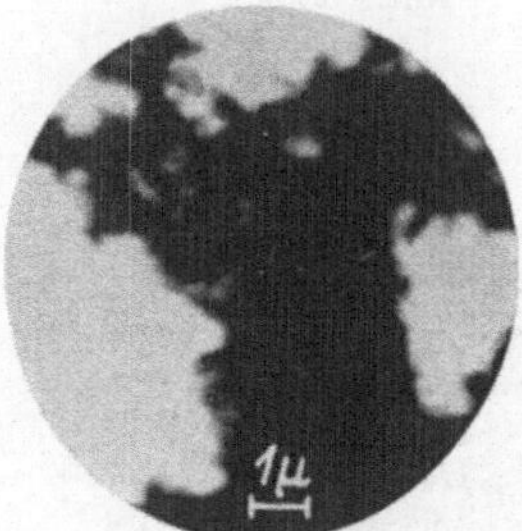

1938
Erste übermikroskopische Aufnahme mit elektrostatischen Linsen (Ruß).
Mahl. Vergr.: 4000fach.
(Bisher unveröffentlicht).

Emissions-Oberflächenbild heute erreichbarer Güte bei kleiner Vergrößerung

Fotokathode mit aufprojiziertem Bild.

1936 Brüche u. Komitsch [75]. Elektr. Aufn. Vergr.: etwa 5 fach.

Emissions-Oberflächenbild heute erreichbarer Güte.

Glühendes Molybdän.

1941 Mahl. Elektr. Aufn. Vergr.: 550 fach.

Übermikroskopisches Oberflächenbild heute erreichbarer Güte.
Geätztes Hydronalium.

1941 Mahl [136]. Elektr. Aufn. Vergr.: 38 000 fach.

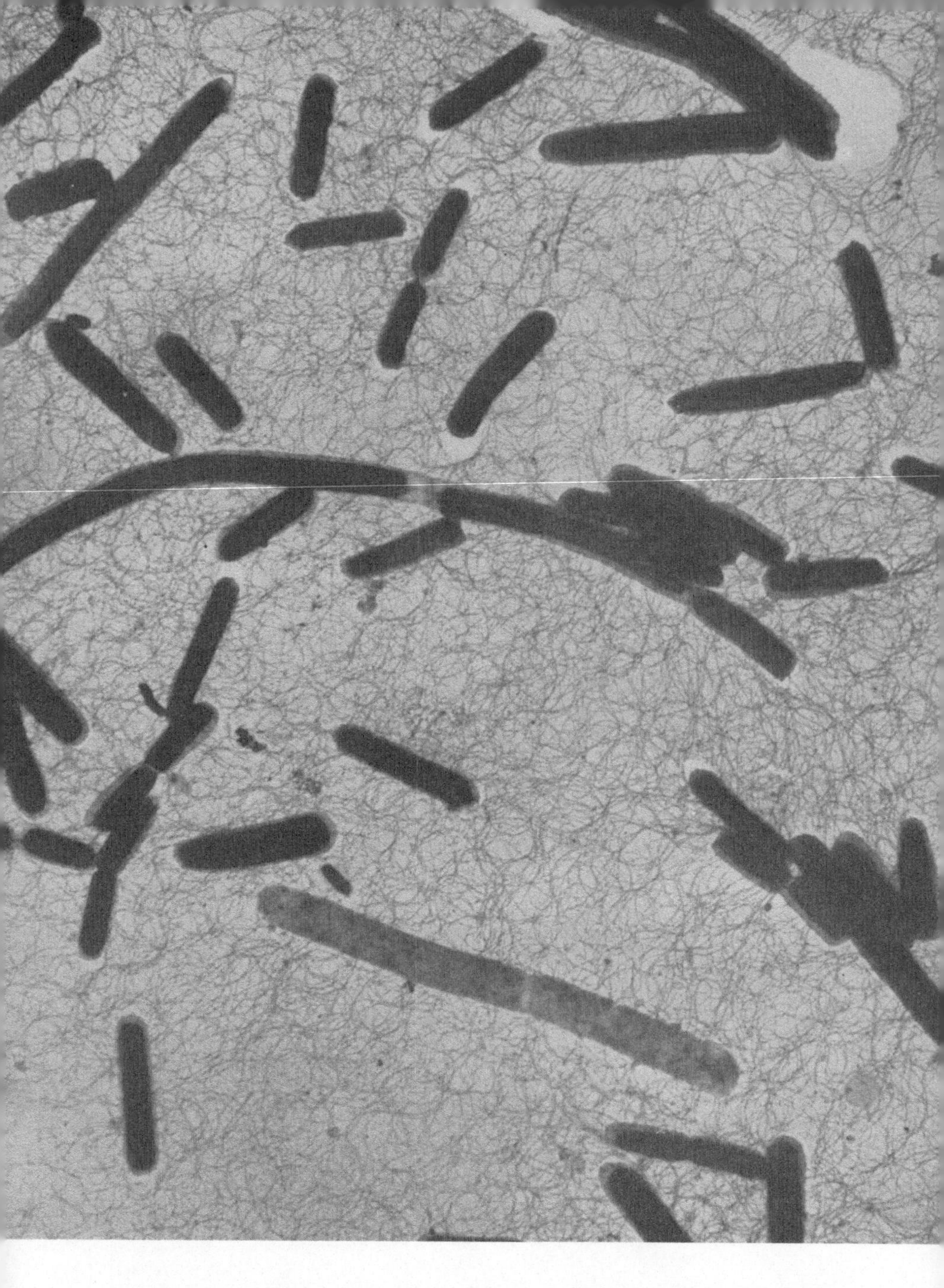

Übermikroskopisches Durchstrahlungsbild heute erreichbarer Güte.
Bakterium Novy.

1941 Jakob u. Mahl. Elektr. Aufn. Vergr.: 6300 fach.

III. Emissionsmikroskopische Bilder.

Mit der Erkenntnis der Elektronenlinse durch Busch war die geometrische Elektronenoptik erschlossen. Jedem Physiker war es nun möglich, die aus der Optik gewohnten Überlegungen und Konstruktionen, wie Mikroskop, Fernrohr und Spektralapparat, auf das Gebiet der Elektronen zu übertragen. Dabei schien insbesondere die Verwirklichung des Elektronenmikroskops erstrebenswert, denn das Elektronenmikroskop würde in zwei dem Lichtmikroskop unzulängliche, neue Welten, zu den elektronenemittierenden und der sublichtmikroskopischen Objekten führen können.

Der Lösung der elektronenmikroskopischen Aufgaben dienen das Emissions- oder Selbststrahlungs-Mikroskop und das Durchstrahlungs-Mikroskop. Beide Mikroskoptypen, von denen es verschiedenartige Einzelformen gibt, können höhere Auflösungen erreichen, als sie dem Lichtmikroskop möglich sind.

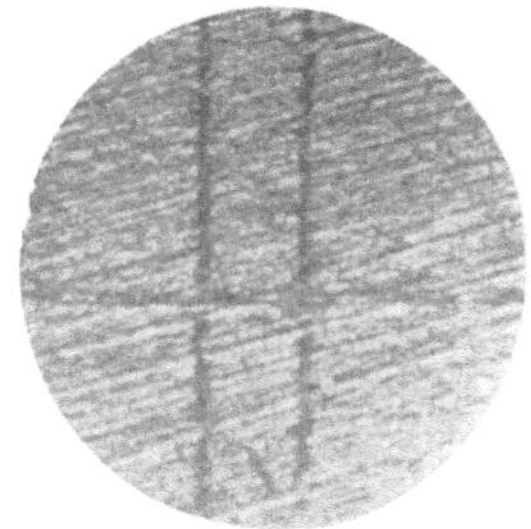

Lichtmikroskopisches Bild. Es zeigt die geometrische Struktur.

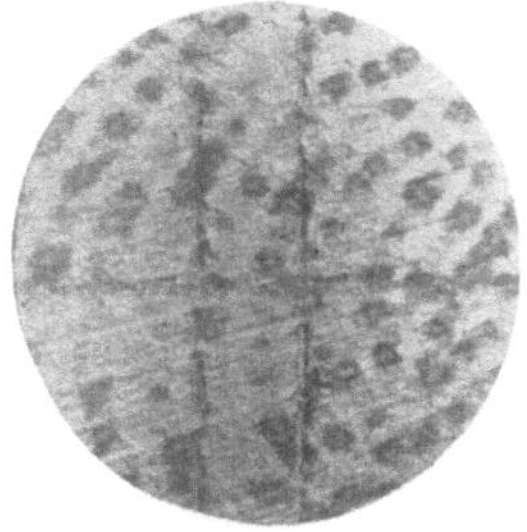

Elektronenmikroskopisches Bild. Es zeigt außerdem die Emissionseigenarten.

Das Emissionsmikroskop zeigt die Elektronen emittierenden Stellen von Kathoden (z. B. bei Verstärkerröhren) und erlaubt es, Emissionserscheinungen in ihrem zeitlichen Ablauf zu studieren. Eine spezielle Anwendung dieses Prinzips ist die Abbildung von Metallgefügen, insbesondere im Glühzustand, die Beobachtung von Umkristallisationen usw. Es ergibt damit im allgemeinen bereits bei geringen Vergrößerungen Bilder, die man mit dem Lichtmikroskop nicht zu erhalten vermag. Die Verwirklichung des Emissions - Ü b e r mikroskops, das in doppelter Weise Neues zeigt, gelang Ende 1941 während der Korrektur dieses Heftes (vgl. S. 6).

Die Aufnahmen der folgenden Seiten sind mit drei unterschiedlichen elektronenoptischen Vergrößerungssystemen aufgenommen worden, und zwar mittels folgender Emissionsmikroskope, von denen die beiden elektrischen Systeme im Forschungs-Institut entwickelt wurden:

Elektrisches Immersionsobjektiv (System aus Lochblenden), 1932, Brüche u. Johannson [2, 3].

Elektromagnetische Linse (kombiniert mit Lichtmikroskop), 1933, Johannson und Knecht [17, 24].

Elektrostatisches Zweipolsystem (gewölbte Fläche und Zylinder), 1935, Schaffernicht [58].

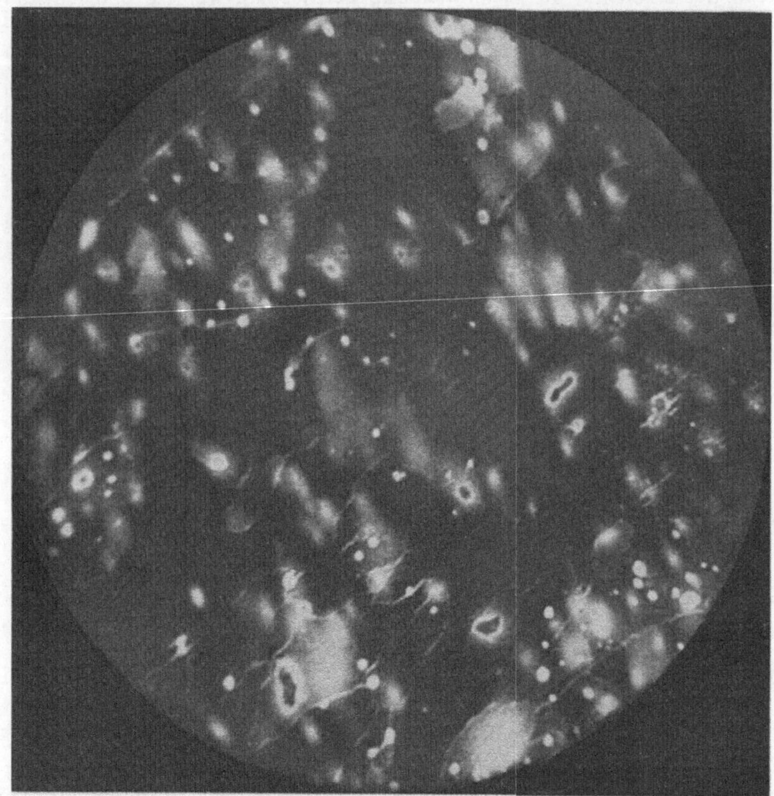

Typisches Elektronenbild des Emissionsmikroskops.

Das Elektronenmikroskop eröffnet neue Welten, deren Kenntnis uns das Lichtmikroskop nicht zu vermitteln vermag. Diese Tatsache gilt für das Emissionsmikroskop in noch überzeugenderer Weise als für das Durchstrahlungs-Übermikroskop. Denn während es bei letzterem immer noch dieselben Objekte sind, deren Kenntnis durch das Elektronenmikroskop in ähnlicher Weise, aber in stärkerem Maße erweitert wird, wie z. B. durch das Ultraviolettmikroskop, führt das Emissionsmikroskop in ein jungfräuliches Forschungsgebiet, in die bildmäßige Verfolgung der Emissionsvorgänge, und eröffnet damit gleichzeitig viele, *gänzlich neuartige* Möglichkeiten der Anwendung. So hatte man z. B., bevor das Elektronenmikroskop vorhanden war, keine Vorstellung davon, wie eine glühende Kathode von thoriertem Wolfram Elektronen aussendet, während obiges Bild nun erstens zeigt, daß sich Emissionsinseln gebildet haben, zweitens, wo die aktiven Bezirke liegen, und drittens, daß bei dieser Kathode im vorliegenden Aktivierungszustand große und kräftige scharfbegrenzte Emissionsstellen vorhanden sind. Das Bild zeigt ferner, daß die Korngrenzen für die Emission eine besondere Rolle spielen.

1936 Mahl [79]. Magnet. Aufn. Vergr.: 90 fach.

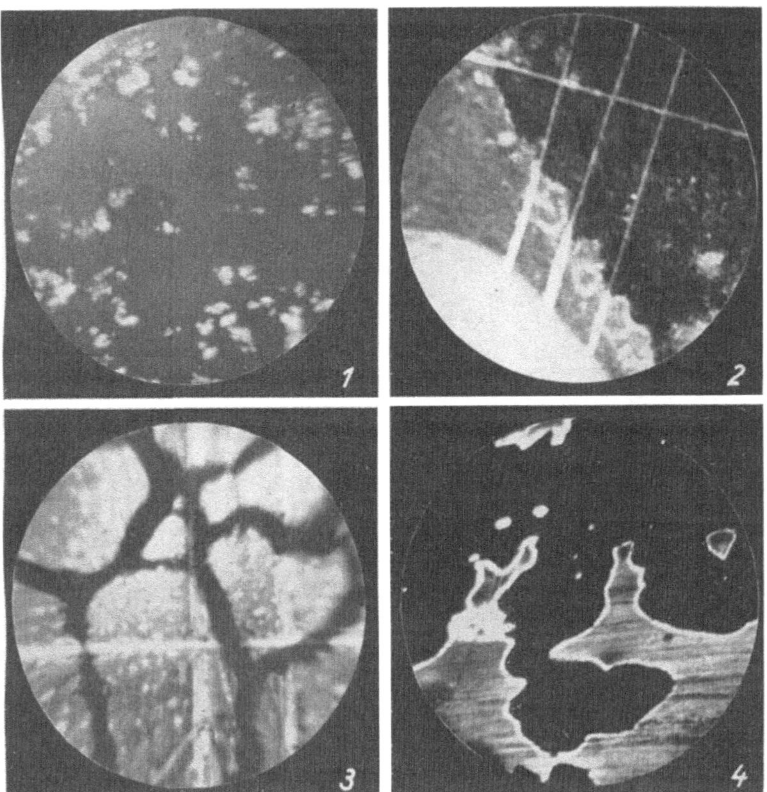

Typen von Glühkathodenbildern.

Die erste Frage, die sich dem Elektronenmikroskopiker aufdrängte, war die Frage nach den Unterschieden im Elektronenbild der wichtigsten technischen Glühkathoden, wie sie in den Verstärkerröhren der Rundfunkapparate, in den Senderöhren der Rundfunksender, in den Braunschen Röhren usw. als Elektronenquelle benutzt werden. In unseren Bildern sind vier typische Kathodenbilder zusammengestellt, die die Verschiedenartigkeit von Glühelektronenbildern erkennen lassen. Bilder 1 und 2 geben Oxydkathoden wieder, Bild 3 zeigt eine Aufdampfkathode, Bild 4 eine von ungereinigtem thorierten Wolfram abbrennende Emissionsschicht. Beide Oxydkathodenbilder stammen von technisch unbrauchbaren Kathoden. Bei ersterer sind nur noch wenige grobe Oxydbrocken vorhanden, bei letzterer ist die Schicht teilweise fein und zusammenhängend, aber — vermutlich infolge von Sauerstoffadsorption — teilweise inaktiv. Gleichmäßiger ist die aufgedampfte Schicht, die nur Störungen der aktiven Gebiete an den Korngrenzen der Kristallite aufweist. Bei dem letzten Bild ähnelt die Emissionsschicht in ihrem Verhalten einer benetzenden Flüssigkeit.

1932/36 Johannson, Knecht, Mahl. Elektr./Magnet. Aufn. Vergr.: 30—70 fach.

Kathodenforschung: Oxydkathode.

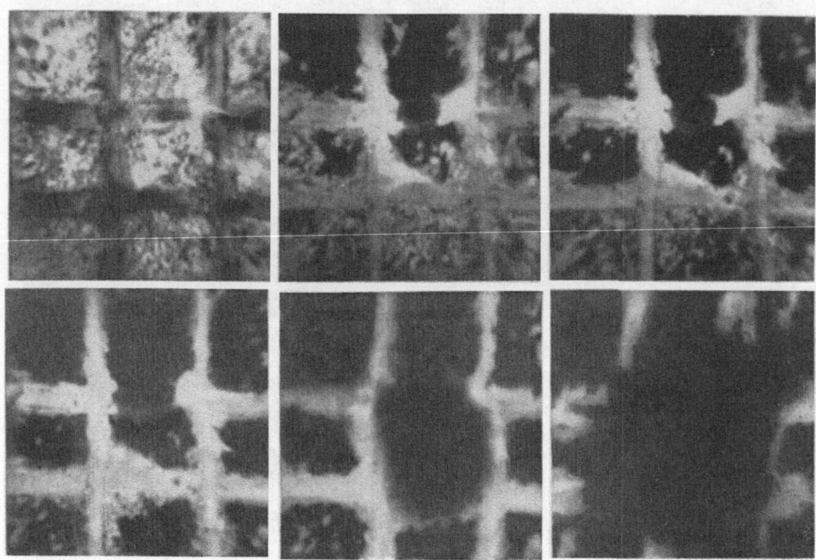

Zerstörung einer Oxydkathode.

Eine mit Bariumpaste bestrichene Nickelkathode, auf die dann einige Striche eingekratzt worden waren, wurde geglüht. Dabei dampfte das durch Zersetzen des Oxyds befreite Barium zu dem freigelegten Metall, auf dem es sich auch bei dem weiteren Glühen der Kathode am längsten hielt. Allmählich wurde alles Bariumoxyd reduziert und in entsprechendem Maße verschwanden die Oxydkörner. Während des weiteren Glühens verdampfte nun auch das Barium aus den Kratzern mehr und mehr, bis die Kathode beim letzten Bild kaum mehr emittierte. Die Kathode war „ausgebrannt". — Die obigen Bilder geben die erste Versuchsreihe wieder, die mit einem Elektronenmikroskop aufgenommen wurde. Bei dieser Untersuchung zeigte sich zum ersten Mal die Bedeutung der Elektronenmikroskopie zum Studium von Vorgängen auf Kathoden.

1932 Brüche und Johannson [3]. Elektr. Aufn. Vergr.: 65 fach.

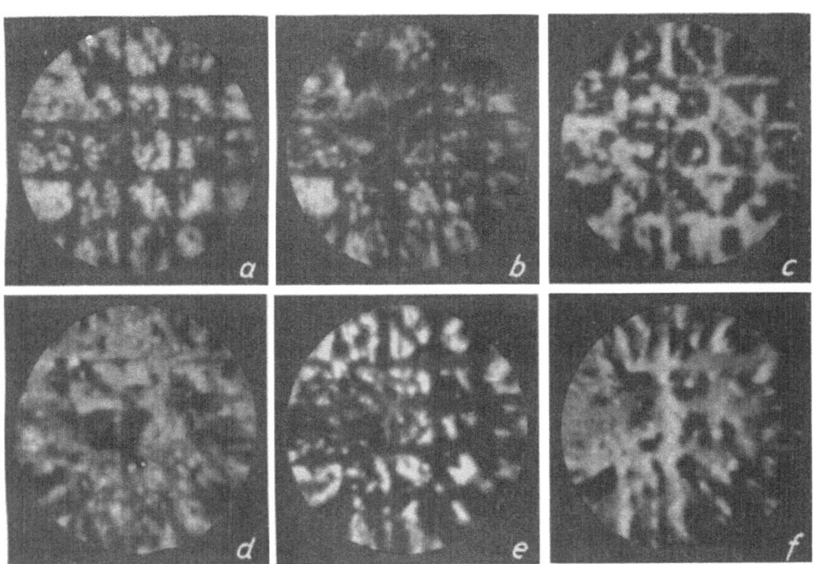

Bildumkehr bei Pastekathoden.

Bereits bei den ersten elektronenmikroskopischen Untersuchungen von Oxydkathoden, bei denen einzelne Stellen blankgekratzt waren, zeigte sich folgende Erscheinung: Während zunächst diejenigen Stellen emittierten, auf die die Oxydpaste aufgetragen war (Bild a), stellte sich nach einiger Zeit der Bildeindruck ins Gegenteil um: Jetzt emittierten die freigekratzten Metallflächenteile der Unterlage, während die Oxydschicht keine Elektronen aussandte (Bild c). Diese „Bildumkehr", die wieder rückgängig werden (Bild e) und sich mehrfach wiederholen kann (Bild f), ist durch das Fortdampfen des reduzierten Bariums von der Paste zu den freien Metallflächen zu deuten. Die Wiederherstellung des Ausgangsbildes kommt durch Abdampfen des Bariums von den blanken Metallteilen und durch neue Reduktion des Bariumoxyds zu metallischem Barium zustande.

1932 Brüche und Johannson [6]. Elektr. Aufn. Vergr.: 57 fach.

Über solche und manche andere für den Emissionsfachmann interessante Erscheinungen liegen gefilmte Beobachtungen vor [6, 55, 60, 67], die von der Reichsstelle für den Unterrichtsfilm 1938 zu einem Lehrfilm verarbeitet wurden. [Vgl. Veröffentlichungen der Reichsstelle für den Unterrichtsfilm zu dem Hochschulfilm Nr C 313/1939.]

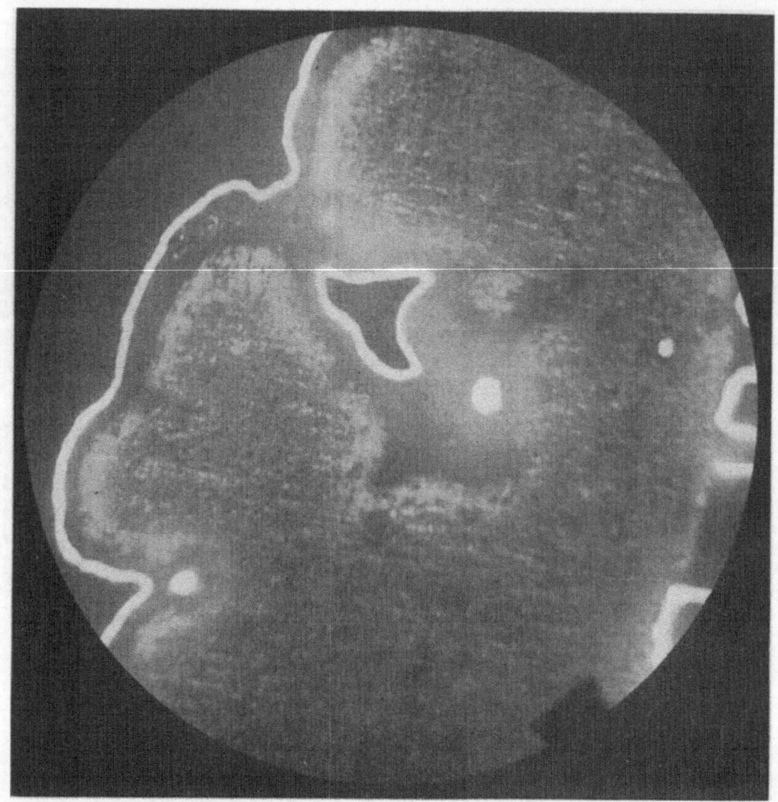

Anheizen eines thorierten Wolframbandes.

Gelegentlich ist es gar nicht erforderlich, auf Kathoden eine besondere aktive Schicht künstlich aufzubringen. Die Kathode sendet bereits bei relativ tiefer Temperatur Elektronen aus, da die „Schmutzschichten" auf der Metalloberfläche bereits aktiv sind. Ein solcher Fall liegt bei dem oben gezeigten Band von thoriertem Wolfram vor, das noch nicht reduziert ist, d. h., bei dem das Thoroxyd noch im Wolfram eingeschlossen ruht. Trotzdem sendet die Kathode in großen Gebieten Elektronen aus, die von sehr stark emittierenden Grenzen scharf umrandet sind. Die Gebiete verengern sich schnell, und wenige Minuten, ja Sekunden, nach dem Anheizen ist diese Erscheinung für immer verschwunden. Die Kathode ist gleichsam „gereinigt". Man hat die Erscheinung als Abdampfen aktiver, aber unbeständiger, dicker Schichten gedeutet und hat vermutet, daß ihr Rand darum verstärkt emittiert, weil dort gerade die Schicht „monoatomar" ist [55].

1935 Mahl. Magnet. Aufn. Vergr.: 50 fach.

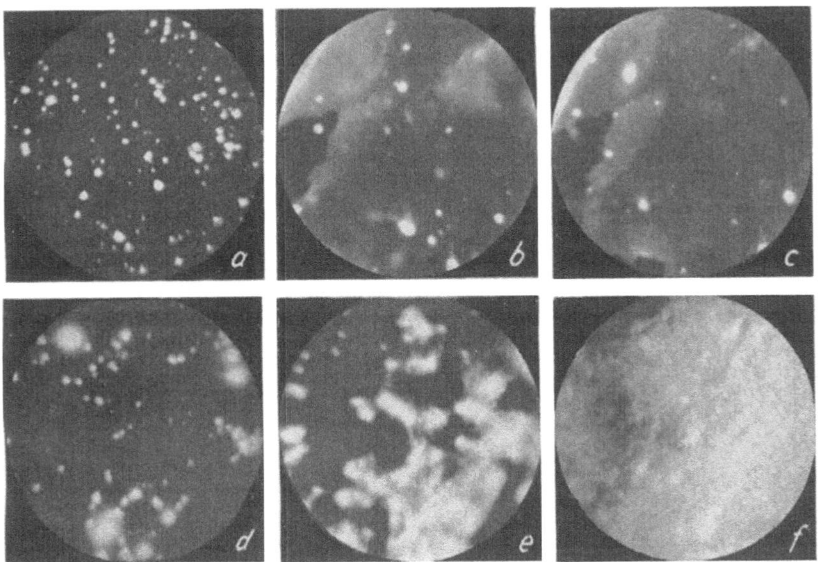

Thoriertes Wolfram.

Nach Langmuirs Anschauung sollte das Thorium, das dem Wolfram bei Herstellungsprozeß beigemischt wird, aus dem Wolfram beim Glühen „herausdiffundieren" und die Oberfläche mit einer monoatomaren aktiven Schicht überziehen. Das Elektronenmikroskop zeigte, daß sich nach der Reduktion einzelne Emissionszentren ausbilden (Bild a), von denen aus dann die Aktivierung der Oberfläche, d. h. das Überziehen der Oberfläche mit aktivem Thor, erfolgt (Bilder a, d, e, f). Ferner lehrt das Elektronenmikroskop, das außer den Austrittsstellen des Thors auch die kristalline Struktur des Wolframs zu zeigen vermag, daß das Thor mitten aus den Kristalliten durch feinste Poren hervorbricht (Bilder b, c).

1935 Brüche und Mahl [55]. Magnet. Aufn. Vergr.: 24 fach.

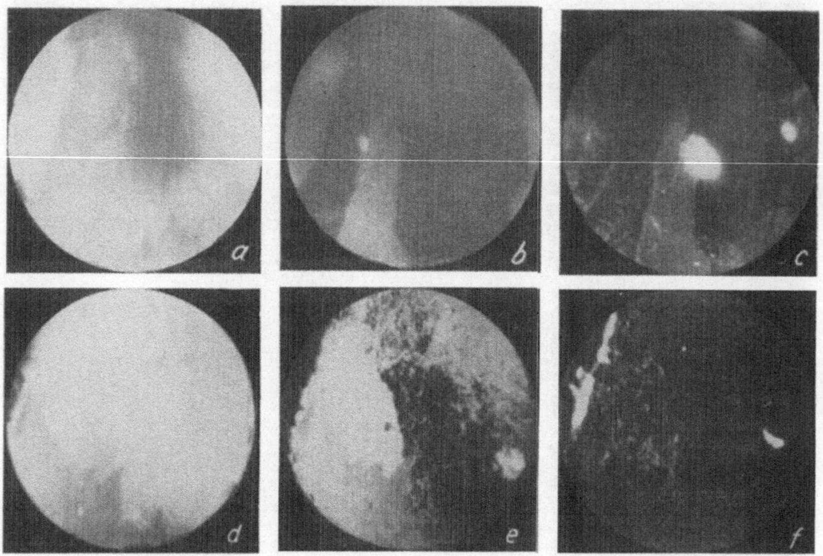

Zerstörung der aktiven Schicht bei thoriertem Wolfram.

Die beiden Bildreihen zeigen zwei Beispiele für die Entaktivierung einer aktivierten Thorium-Wolfram-Kathode (vgl. Gegenseite, insbesondere Bild f). Bei der oberen Reihe wurde die Kathode sehr stark geheizt, so daß die Zerstörung der Emissionsschicht durch Abdampfen des Thoriums stattfand. Bei der unteren Bildreihe wurde etwas Sauerstoff in das Versuchsrohr eingelassen, der sich an das Thorium anlagerte und auf diese Weise die Emission der Kathode herabsetzte. Bei beiden Versuchsreihen zeigt sich, daß der Entaktivierungsvorgang, d. h. das Abdampfen bzw. der Sauerstoffangriff, von der Schnittrichtung der Kristallite abhängig ist.

1936 Mahl [73]. Magnet. Aufn. Vergr.: 25 fach.

Kathodenforschung: Thoriertes Wolfram.

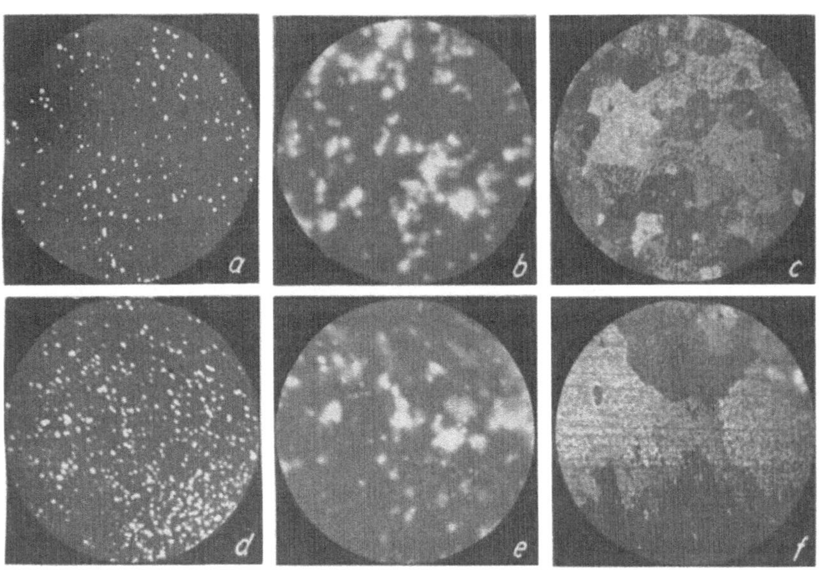

Nach der Reduktion — Beginnende Thorausbreitung — Strukturbild

Thoriertes Wolfram und thoriertes Molybdän.

Es ist eine auch technisch interessante Frage, ob die Emissionsbilder von thoriertem Wolfram und thoriertem Molybdän wesentliche Unterschiede aufweisen. Nach der Stellung von Wolfram und Molybdän in der gleichen Gruppe des periodischen Systems und nach dem allgemeinen physikalischen Verhalten liegt es nahe, gleichartige Emissionsbilder in entsprechenden Temperaturbereichen anzunehmen. Das Elektronenmikroskop bestätigt eindeutig diese Vermutung, wie es die obigen Bilder zeigen, deren obere thoriertes Molybdän, deren untere thoriertes Wolfram in entsprechenden Aktivierungsphasen zeigen.

1936 Brüche und Mahl [67]. Magnet. Aufn. Vergr.: 25 fach.

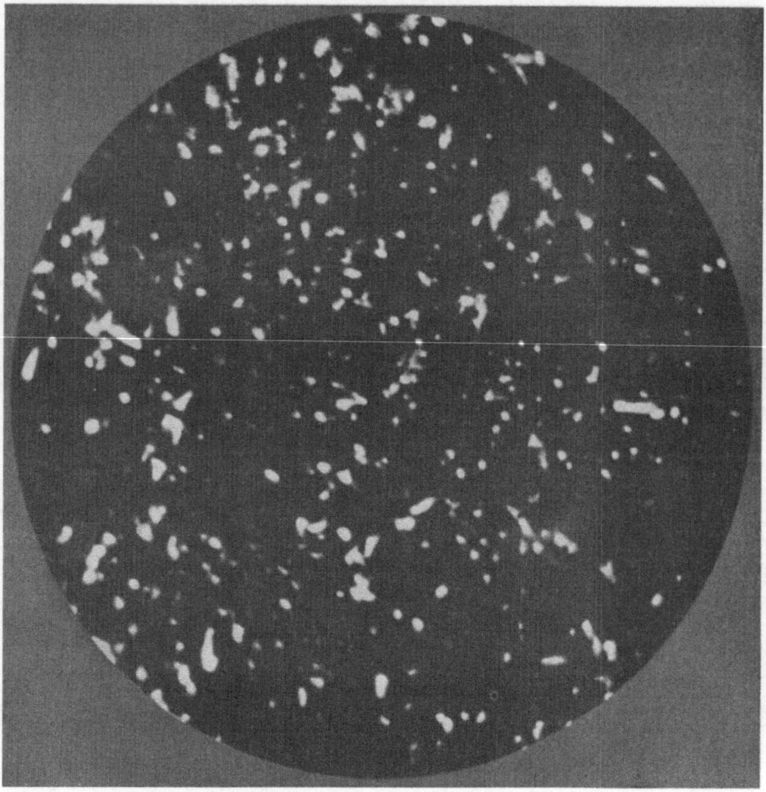

Kathodenforschung: Malter-Kathode.

Emissionsverteilung bei einer Malterschicht.

1936 wurde von Malter eine eigenartige Emissionserscheinung gefunden: Bestrahlt man eine oxydierte Aluminiumfläche, die mit Cäsium behandelt ist, mit Elektronen, so kann die Kathode bis zu 1000mal mehr Elektronen aussenden, als auf sie auftreffen. Dieser schließlich sehr starke Strom klingt nach Aufhören der Bestrahlung langsam ab. Zur Erklärung dieser Erscheinung nimmt Malter an, daß sich die Cäsiumoxydfläche, die vom Aluminium durch eine schlecht leitende Oxydschicht getrennt ist, bei Elektronenbestrahlung zunächst durch Aussenden von Sekundärelektronen positiv aufladet. Wegen der geringen Dicke der Oxydschicht entsteht ein hohes Feld zwischen der Cäsiumoxydoberfläche und der Aluminiumunterlage, das zu einem Ausbruch von Elektronen aus dem Aluminium führen kann. Das Elektronenmikroskop zeigt, daß diese Ausbrüche von Feldelektronen aus vielen über die Kathode verteilten Emissionszentren erfolgen. Diese Zentren flackern auf und erlöschen wieder, um dann an einer anderen Kathodenstelle wieder aufzutauchen.

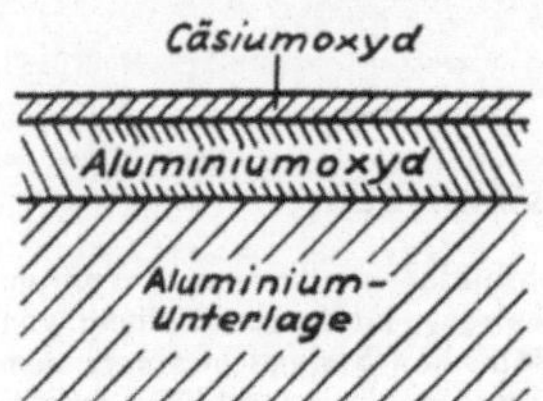

1937 Mahl [82]. Elektr. Aufn. Vergr.: 18 fach.

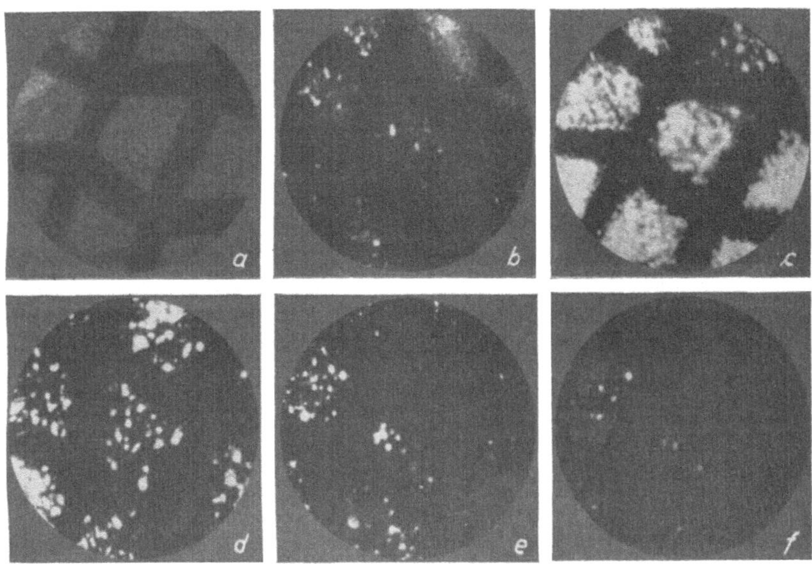

Auf- und Abbau der Emission beim Maltereffekt.

Obere Reihe Aufbau: 0, 10 u. 60 Sekunden nach Beginn der Elektronenbestrahlung.

Untere Reihe Aufbau: 10, 60 u. 180 Sekunden nach Aufhören der Elektronenbestrahlung.

Das Elektronenmikroskop läßt den Aufbau (obere Reihe) und den Abbau des Maltereffektes (untere Reihe) verfolgen. Das erste Bild zeigt die anfänglich schwache gleichmäßige Sekundäremission, die mit der Elektronenbestrahlung beginnt. Zehn Sekunden nach Beginn der Elektronenbestrahlung sind die ersten Elektronenausbrüche aus der Malterkathode deutlich erkennbar. Nach 60 Sekunden sind die Ausbrüche so zahlreich, daß die bestrahlten Flächenbezirke fast gleichmäßig emittieren. Entsprechend klingt nach Aufhören der primären Elektronenstrahlung die Feldemission langsam wieder ab.

1937 Mahl [86]. Elektr. Aufn. Vergr.: 6 fach.

Kathodenforschung: Fotokathode.

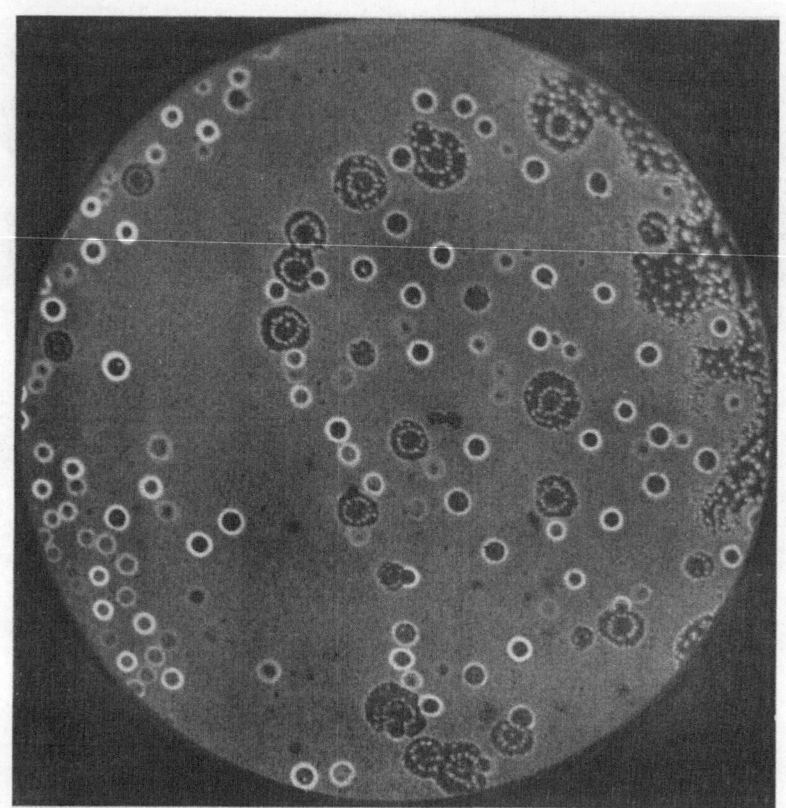

Bild einer fehlerhaften lichtelektrischen Schicht.

Lichtelektrische Schichten, wie sie z. B. bei Fotozellen verwendet werden, sollen überall möglichst viele Elektronen bei einer geringen auftreffenden Lichtmenge abgeben. Sie sollen daher auch strukturlos sein. Die Schicht, von der das oben wiedergegebene Elektronenbild erhalten wurde, erfüllt diese Bedingung nicht, denn es haben sich verschiedene Störungsbezirke ausgebildet. Die Kathode ist daher insbesondere für alle Anwendungen (s. Gegenseite) unbrauchbar, bei denen Strukturlosigkeit der Schicht Voraussetzung ist.

1935 Schaffernicht [136]. Elektr. Aufn. Vergr.: etwa 3 fach.

Kathodenforschung: Fotokathode.

Infrarotbild eines Hauses.

Bei dieser Aufnahme wurde das Bild des Hauses direkt auf eine strukturlose Photokathode projiziert und in ein Elektronenbild umgewandelt. Dieses Verfahren gibt die Möglichkeit, ein unsichtbares Ultrarotbild sichtbar zu machen, indem man dem Elektronenstrahlengang durch Beschleunigung der Elektronen Energie zuführt. Auch obiges Bild ist ein umgewandeltes Ultrarotbild, was man an dem „schneeigen" Baum im Vordergrund erkennt.

1935 Katz und Schaffernicht [92]. Elektr. Aufn. Vergr.: etwa 3 fach.

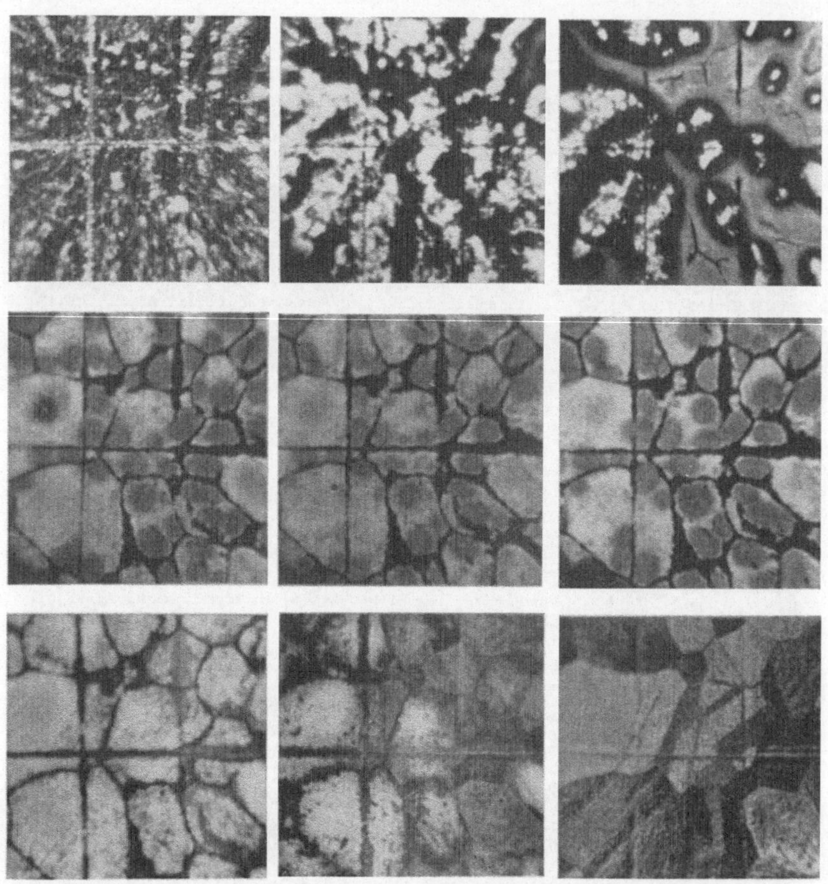

Entwicklung des Strukturbildes bei der Bariumoxyd-Kathode.

Beim Glühen der Oxyd-Kathode verschwinden die Oxydbrocken, das Bariumoxyd wird reduziert. Allmählich bildet sich durch Überdampfen eine zunächst dichte emittierende Schicht auf der Kathode aus, die nur an den Korngrenzen unterbrochen erscheint. Beim weiteren Glühprozeß verdampft das überschüssige Barium. Schichtenweise scheint dieser Abbau zu erfolgen, bis schließlich das elektronenoptische Strukturbild hervortritt, bei dem das Metall nur noch von einer „monoatomaren" aktiven Schicht bedeckt ist.

1934 Knecht [24]. Elektr./Magnet. Aufn. Vergr.: 32 fach.

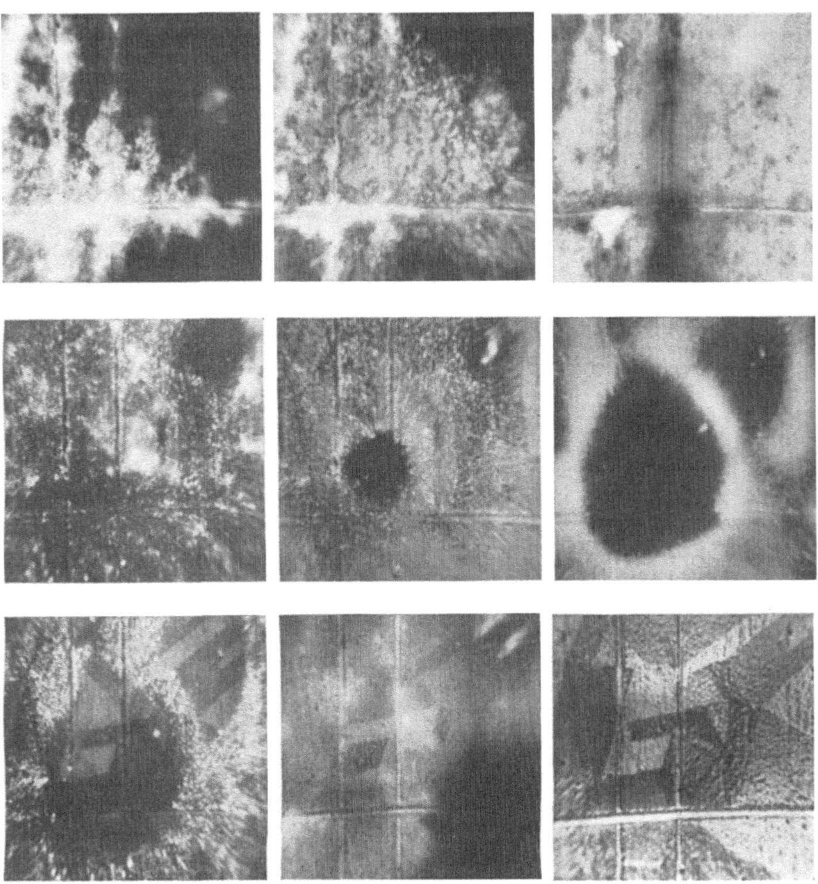

Entwicklung des Strukturbildes bei der Bariumazid-Kathode.

Bei der Bariumazid-Kathode spielt sich die Entwicklung zum Strukturbild ähnlich wie bei der auf der Gegenseite gezeigten Bariumoxyd-Kathode ab. Nur erfolgt hier nicht der Abbau der Schichten; die Struktur erscheint vielmehr stets körnig. Auch treten die Korngrenzen der Kristallite hier nicht so hervor wie bei der Oxydkathode auf der Gegenseite. An der gezeigten Azid-Kathode wurde die Entwicklung des Strukturbildes 1933 erstmalig beobachtet.

1933 Johannson [21]. Elektr. Aufn. Vergr.: 37 fach.

Metallurgie: Nickel-Strukturbild.

Nickel-Strukturbild mit stark emittierenden Inseln.

1934 Knecht [24, 26]. Magnet. Aufn. Vergr.: 50 fach.

Strukturbild einer Nickelkathode.

Die beiden Bilder auf dieser und der vorhergehenden Seite zeigen das Strukturbild am Anfang und Ende eines längeren Glühprozesses. Man beachte, daß die Oxydinseln in der Mitte und links unten im Verlauf des Glühens verschwunden und daß Änderungen in der Emissionsverteilung erfolgt sind. Man beachte auch, daß einzelne Kristallite bzw. Kristallitteile ihre Emission gegenüber der Gesamtheit von Grund aus geändert haben. So erscheint beispielsweise der Kristallit über der Bildmitte auf beiden Bildern in ganz anderer Emission. Die Bilder sind aus mehreren Aufnahmen zusammengesetzt. Der Durchmesser der runden Kathode auf obenstehenden Bild betrug 3,3 mm.

1934 Knecht [24, 26]. Magnet. Aufn. Vergr.: 30 fach.

Metallurgie: Strukturbild bei Platin.

Struktur eines Platinbandes.

Die Aufnahme zeigt die sehr erheblichen Unterschiede in der Emission der verschieden geschnittenen Kristallite. Platin läßt sich so hoch heizen, daß die Aufbringung einer besonderen aktiven Schicht nicht erforderlich ist.

1934 Pohl [34]. Magnet. Aufn. Vergr.: 60 fach.

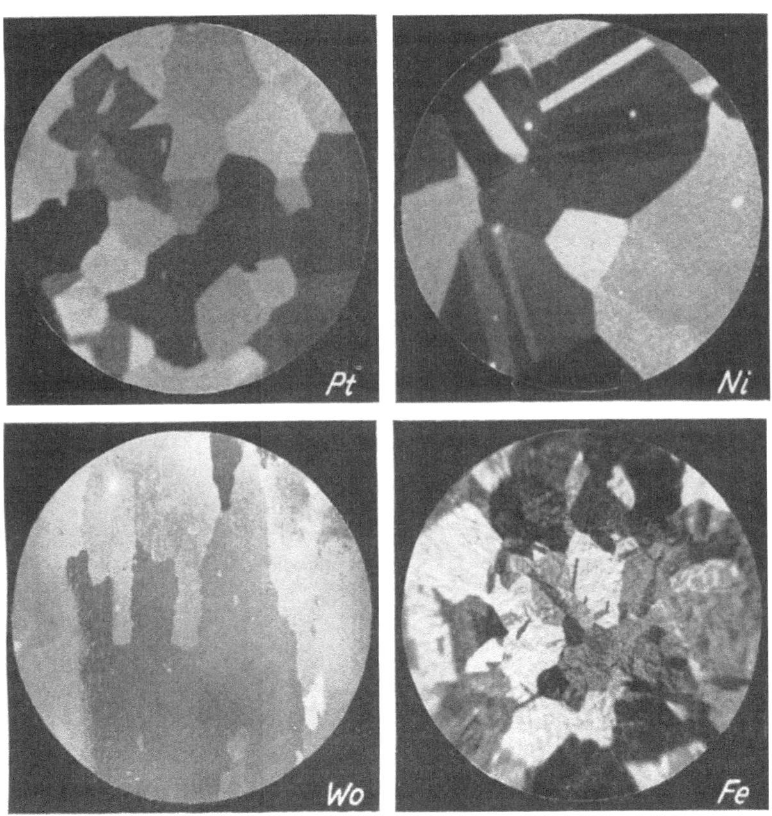

Strukturbilder verschiedener Metalle.

Alle bisher im Emissionsmikroskop untersuchten Metalle wie Platin, Platin-Rhodium, Wolfram, Molybdän, Nickel und Eisen zeigten im Glühzustande das elektronenoptische Strukturbild. Teils war es möglich, die Metalle wie Platin, Platin-Rhodium, Wolfram und Molybdän so hoch zu erhitzen, daß die zur Erzielung genügender Emission erforderlichen Glühtemperaturen erreicht wurden, ohne daß Schmelzen eintrat. Teils mußte durch Aufdampfen einer aktiven Schicht die Emission so verstärkt werden, daß auch unterhalb des Schmelzpunktes schon helle Elektronenbilder erhalten wurden.

1933/36 Johannson, Knecht, Schenk [136]. Elektr./Magnet. Aufn. Vergr.: 30—70 fach.

Metallurgie: Sammelkristallisation.

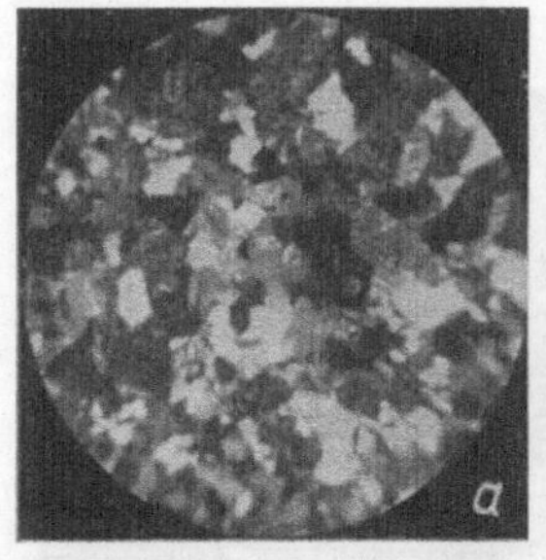

Wachsen eines Nickelkristallits.

1934 Knecht [24]. Vergr.: 55 fach.

Kristallwachstum.

Das Elektronenmikroskop erlaubt das Wachsen von Metallkristalliten (Sammelkristallisation) während des Glühens zu beobachten. Die Vertikalreihe zeigt das Zusammenwachsen von feinen Eisenkristallen zu einem gröberen Gefüge. Die Horizontalreihe läßt den viel seltener beobachtbaren Fall des Wachstums einzelner Kristalle bei Nickel erkennen.

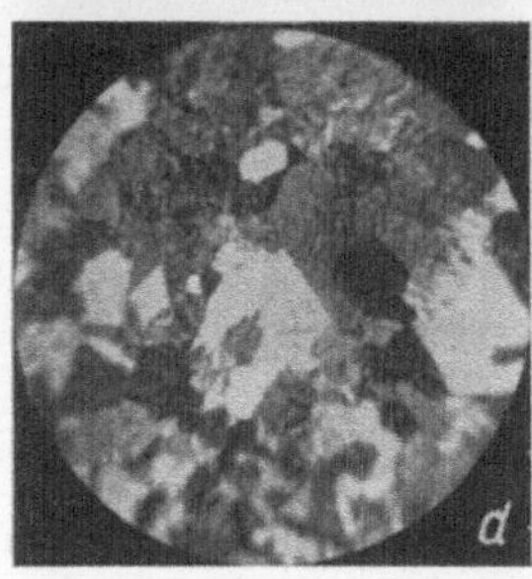

Sammelkristallisieren von Eisen.

1934 Brüche und Knecht [32].
Elektr. Aufn.
Vergr.: 60 fach.

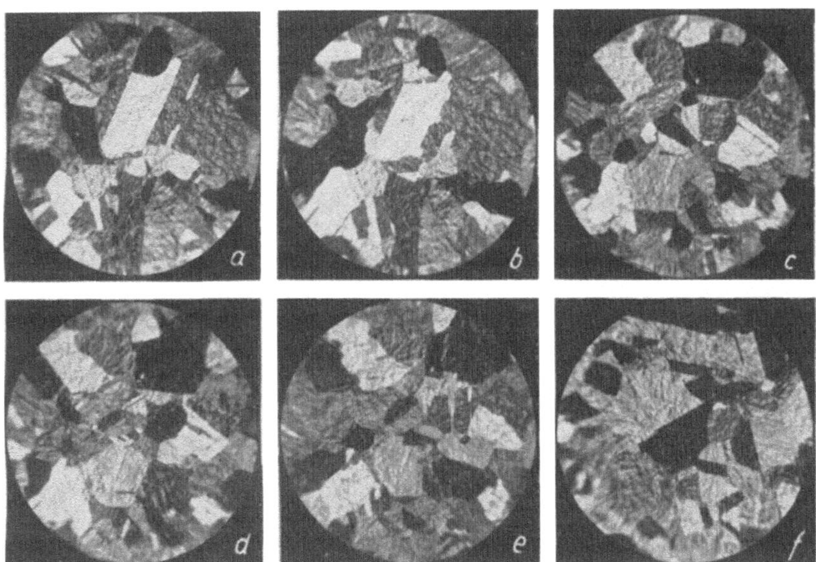

Eisenumwandlung bei 900° C.

Wird Eisen erhitzt, so geht es bei 906° C vom α-Zustand in den γ-Zustand über. Das Elektronenmikroskop zeigt, daß diese innere Umwandlung mit einer Umkristallisation des Gefüges verbunden ist. Ist etwa die linke Seite der Kathode stets etwas wärmer als die rechte, so sieht man bei steigender Temperatur schließlich vom linken Rande ein neues Gefüge hervorwachsen, das sich in einer scharfen Grenze mehr und mehr nach rechts schiebt. Unsere Bilder stammen aus der ersten Untersuchung dieser Art, bei der die ganze Kathode einer Temperaturschwankung unterzogen wurde, wonach man dann feststellte, ob eine Veränderung zu bemerken war. So ist zwischen den Bildern a und b keine wesentliche Änderung im Gefüge bemerkbar, während sich die Bilder b und c von Grund aus unterscheiden usf.

1935 Brüche und Knecht [32]. Elektr. Aufn. Vergr.: 55 fach.

Gleitlinien bei Wolfram.

Wie die vorhergehenden Bilder zeigten, läßt das Elektronenmikroskop die Kristallite des Gefüges durch ihre verschieden starke Emission erkennen. Doch auch innerhalb der den einzelnen Einkristallkörnern entsprechenden Flächen ist eine Struktur vorhanden. Gelegentlich zeigen sich, wie auf unserem Bild und auf der neueren Aufnahme S. 27, deutlich Streifungen, die als Spuren von Gleitebenen in den Kristalliten gedeutet werden.

1936 Mahl und Schenk [64]. Magnet. Aufn. Vergr.: 50 fach.

Auflösungsvermögen des Emissionsmikroskops.

Die Versuche, hohe Auflösungen beim Emissionsmikroskop zu erhalten und nachzuweisen, kamen mit obiger Aufnahme im Jahre 1934 zu einem vorläufigen Abschluß. Aus dem Mittelpunktsabstand engstbenachbarter, als Einzelteilchen noch deutlich erkennbarer Tröpfchen konnte damals auf eine „Auflösung" von 0,003 mm geschlossen werden. Heute arbeiten wir wieder an der Frage der Auflösung des Emissionsmikroskops, ist doch kein prinzipieller Grund zu der Annahme vorhanden, daß das Emissionsmikroskop nicht auch ein Übermikroskop sein kann (vgl. auch S. 6).

1934 Brüche und Knecht [36]. Elektr. Aufn. Vergr.: 250 fach.

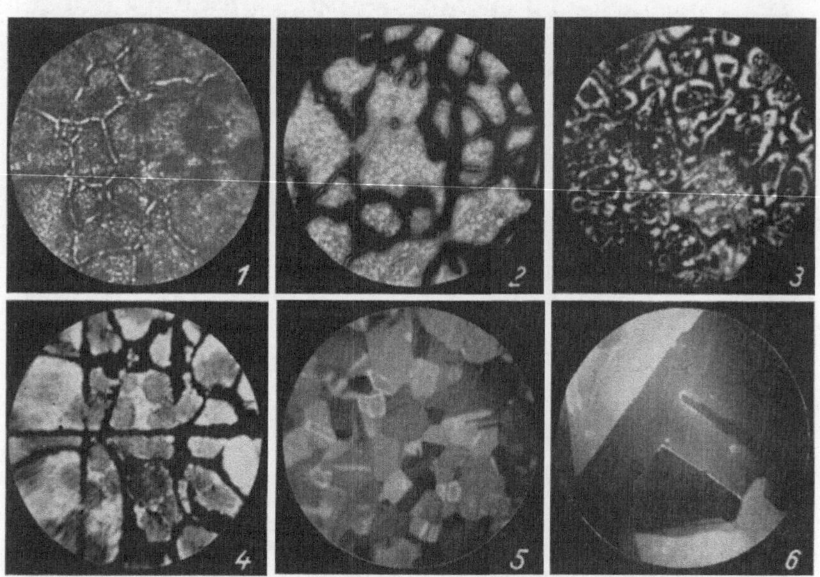

Bedeutung der Korngrenzen.

Die Bilder lassen erkennen, daß die Korngrenzen bei der Elektronenemission eine besondere Rolle spielen. Eine der Deutungen dieser Beobachtung folgt aus der verschieden kräftigen Emission verschieden geschnittener Kristallite (Strukturbilder). Diese Emissionsverschiedenartigkeit ist durch verschiedene Austrittsarbeit der Elektronen bedingt. Verschiedene Austrittsarbeit bedeutet aber verschiedenes Oberflächenpotential, was wiederum zur Folge hat, daß die Korngrenzen Gebiete hoher elektrischer Felder zwischen den Kristalliten sind.

1933/34 Johannson und Knecht [136]. Elektr. Aufn. Vergr.: 50 fach.

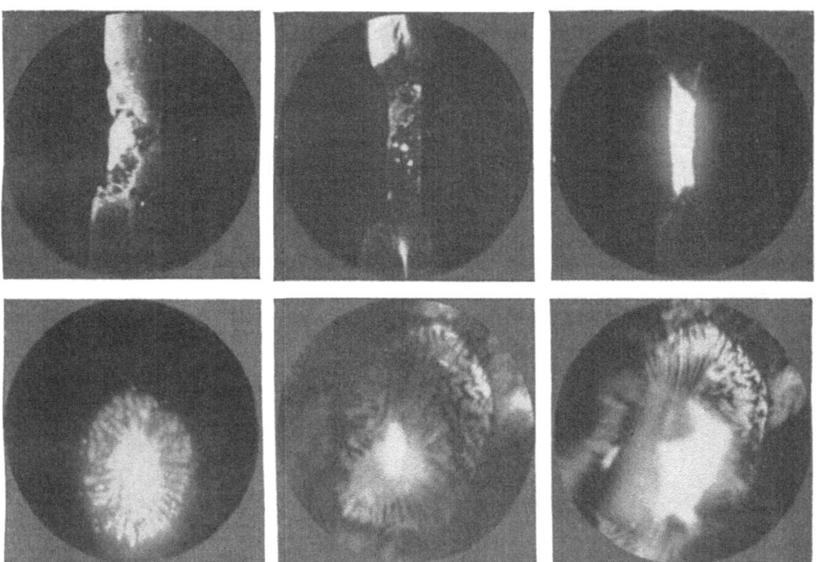

Schmelzvorgänge.

Wenn der Schmelzpunkt eines Metalles oder eines anderen leitenden Stoffes hoch genug liegt, ist es möglich, mittels der ausgesandten Glühelektronen den Schmelzvorgang zu verfolgen. So zeigt die obere Bildreihe den Schmelzvorgang eines Steatitröhrchens, in dessen Innern ein Wolframdraht glüht. Das überheizte Röhrchen schmilzt weg, bis schließlich der Wolframdraht selbst erscheint. — Liegt die Schmelztemperatur nicht so hoch, daß genügend glühelektrische Elektronen austreten, so vermag man doch den Vorgang durch andersartig ausgelöste Elektronen zu verfolgen. So läßt die untere Bildreihe das Schmelzen einer Goldfolie erkennen, die von hinten durch einen intensiven Elektronenstrom zum Schmelzen gebracht wurde. Die Abbildung erfolgte hier durch Sekundär-*elektronen.*

1938 Mahl [93].	Elektr. Aufn.	Vergr.: 20 fach.
1936 Behne [63].	Elektr. Aufn.	Vergr.: 60 fach.

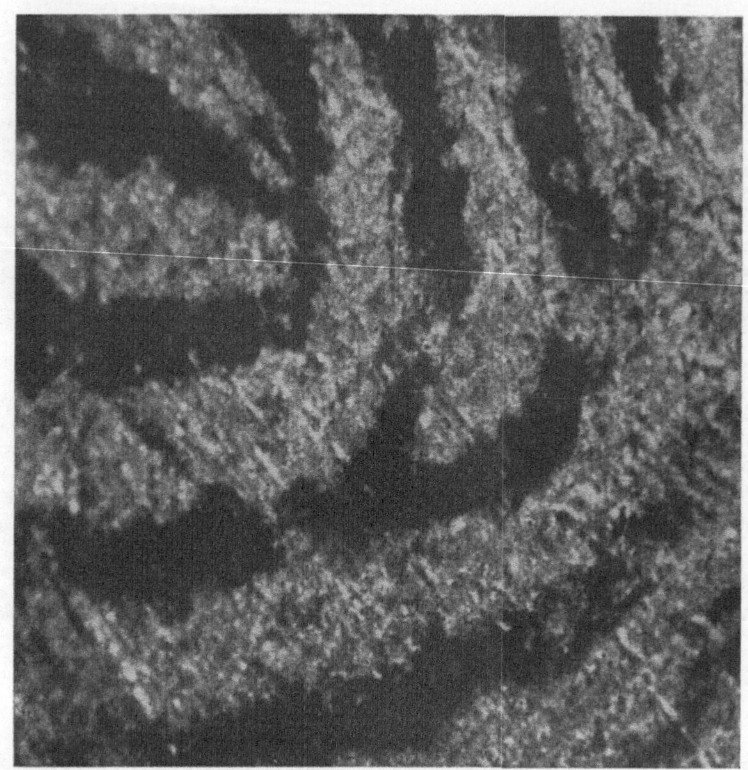

Nachweis von Fettschichten.

In der Emissionsmikroskopie spielt die Elektronenauslösung durch Licht neben der Auslösung durch Glühen eine wichtige Rolle, können die Objekte doch auf diese Weise bei jeder *Temperatur, also auch bei Zimmertemperatur*, abgebildet werden. Bei obiger Aufnahme wurden die zur Abbildung erforderlichen Elektronen mit Ultraviolettlicht aus der geschabten Aluminiumplatte ausgelöst. Die geringe, auf das Aluminium durch einen Fingerabdruck gebrachte Verunreinigung, die mit dem Auge nicht zu erkennen war, verwehrte den Elektronen den Austritt, so daß diese Stellen im Elektronenbild dunkel erscheinen. Hier zeigt sich abermals ein neues Anwendungsgebiet für das Elektronenmikroskop, nämlich die Nachweismöglichkeit dünnster Schichten von Fremdstoffen auf Metallen.

1934 Pohl [34]. Magnet. Aufn. Vergr.: 60 fach.

Nachweis von Oberflächenschichten.

Zeigt das mit lichtelektrischen Elektronen bei Zimmertemperatur erzielte Bild auf der Gegenseite die Verringerung der Emission durch dünnste Verunreinigungen, die auf eine Metallplatte aufgetragen waren, so läßt das obige Bild im Gegensatz dazu die Erhöhung der Emission durch Abtragung der obersten Schicht einer Metallfläche erkennen. Bei dieser Abtragung, die mit einem Stichel im Vakuum vorgenommen wurde, ergab sich eine erhöhte Emission des geschabten Metalls. Die Erscheinung ist wahrscheinlich dadurch bedingt, daß Metalloberflächen sich mit Gasen bzw. einer Oxydschicht bedecken, wodurch die Emission herabgesetzt wird.

1934 Pohl [49]. Magnet. Aufn. Vergr.: 15 fach.

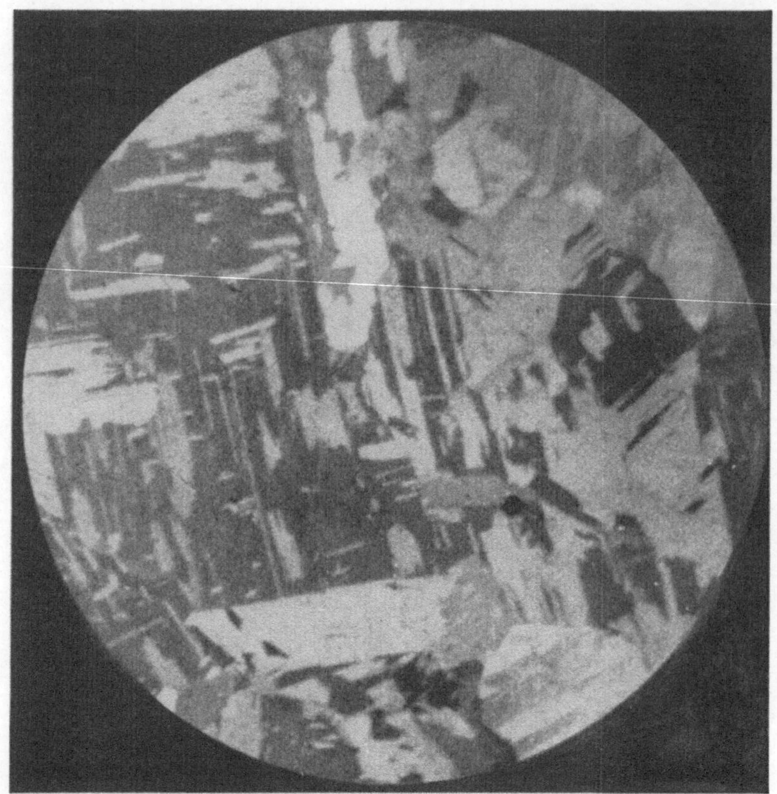

Lichtelektrisches Strukturbild von Nickel.

Nachdem in früheren Bildern die Anwendung des Elektronenmikroskops zur Strukturuntersuchung bei Glühelektronen gezeigt war, seien nun Beispiele aus dem Gebiet der Lichtelektrizität *betrachtet. Unser Bild gibt* ein lichtelektrisches Strukturbild wieder. Strukturbilder waren bei lichtelektrischen Bildern zunächst nur gelegentlich zu erhalten. Bei Metallen, deren Oberfläche poliert worden war, waren sie besonders schwer zu erhalten. Erst als man die zu untersuchenden Metalle geglüht hatte, entwickelten sie sich in voller Deutlichkeit. Zur Deutung dieser Beobachtungen wird man annehmen, daß vor dem Glühen keine kristalline Oberflächenschicht vorhanden war, sondern eine verschmierte Schicht, die erst durch das Glühen aus dem Vollmaterial heraus rekristallisierte.

1937 Groß (als Gast) [Z. Phys. 105, 734]. Magnet. Aufn. Vergr.: 75 fach.

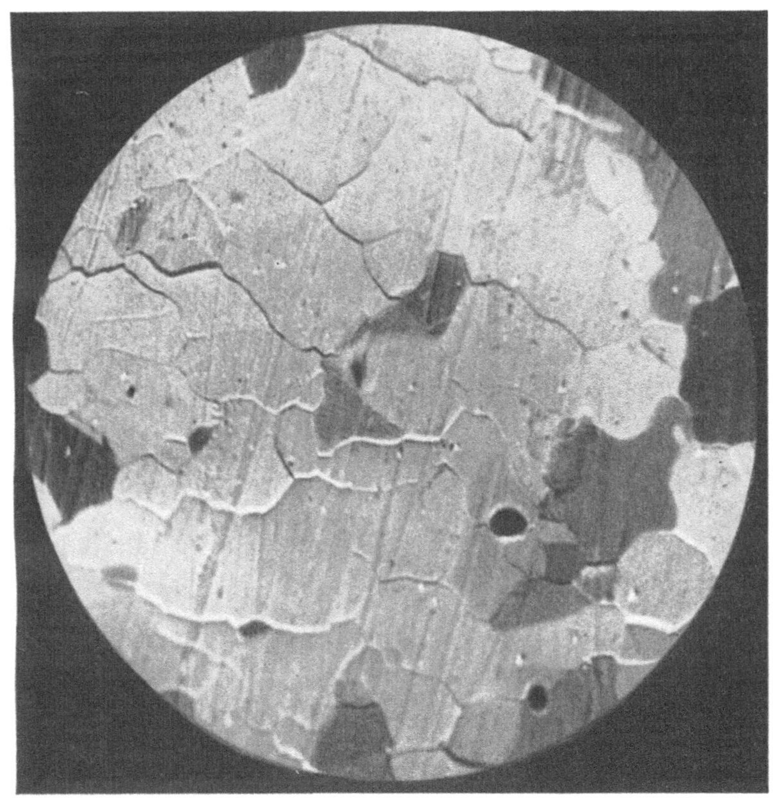

Lichtelektrisches Strukturbild von Platin.

Während das Bild auf der Gegenseite das Strukturbild einer weitgehend planen Oberfläche zeigt, gibt obiges Bild eine Platinoberfläche wieder, deren einzelne Kristallite durch starkes Glühen etwas in der Höhe gegeneinander verschoben sind. So treten neben der verschieden kräftigen Emission der Kristallite die Korngrenzen deutlich hervor. Nehmen wir an, daß das Licht, das die Elektronen auslöst, schräg von oben auf die dem Bild entsprechende Kathode trifft, so werden wir schließen, daß die Kristallite mit einem hellen oberen Rand aus der Fläche herausgetreten, die Kristalle mit einem dunklen oberen Rand aber in die Fläche versenkt sind.

1934 Pohl [34]. *Magnet. Aufn.* Vergr.: 70 fach.

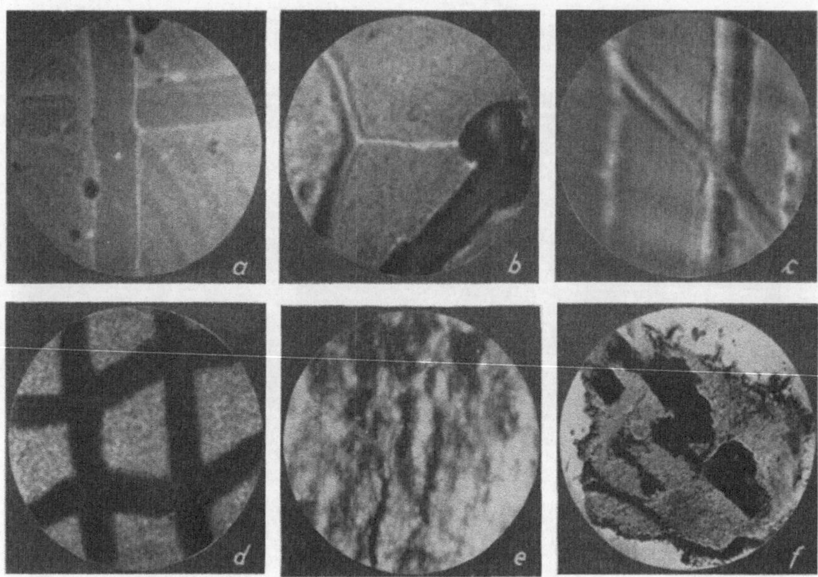

Abbildung mit verschiedenartig ausgelösten Elektronen.

Elektronenauslösung durch Glühen und durch Lichtbestrahlung sind die beiden wichtigsten Möglichkeiten, die Elektronen zur Emissionsmikroskopie zu erhalten. Außerdem gibt es noch andere Möglichkeiten, die jedoch seltener zur Anwendung gekommen sind. Von letzteren berichtet die Bildzusammenstellung.

a) Elektronenauslösung durch Gasentladungsionen. Kupferkathode mit Kratzern.
1938 Mahl [90]. Magnet. Aufn. Vergr.: 100 fach.

b) Elektronenauslösung durch Gasentladungsionen. Teil eines vertrockneten Buchenblattes.
1938 Mahl [90]. Magnet. Aufn. Vergr.: 15 fach.

c) Elektronenauslösung durch Glühionen. Geritzte Nickelkathode.
1938 Mahl [93]. Magnet. Aufn. Vergr.: 30 fach.

d) Elektronenauslösung durch Elektronen (Sekundärelektronenauslösung). Oxydierte Aluminiumoberfläche, auf die durch Elektronenbestrahlung ein Netzschatten aufprojiziert ist.
1937 Mahl [86]. Magnet. Aufn. Vergr.: 6 fach.

e) Elektronenauslösung durch Elektronen, die auf der Rückseite der Folie auftreffen (Sekundärelektronenauslösung bei Durchstrahlung). Goldfolie.
1936 Behne [63]. Elektr. Aufn. Vergr.: 50 fach.

f) Elektronenauslösung durch ultraviolettes Licht (Lichtelektrische Auslösung). Kupferkies mit Einschlüssen.
1935 Mahl [40]. Magnet. Aufn. Vergr.: 7 fach.

IV. Durchstrahlungs-Mikroskopie.

Dem Emissionsmikroskop steht das Durchstrahlungsmikroskop als wichtigste der übrigen Formen des Elektronenmikroskops zur Seite. Es entspricht dem üblichen Lichtmikroskop für durchstrahlte Objekte und erlaubt wie dieses Dunkelfeld- oder Stereoaufnahmen. Schon bei geringen Vergrößerungen gibt das Durchstrahlungs-Elektronenmikroskop Aussagen, die über die des Lichtmikroskops hinausgehen, wie es folgende Beispiele von Dunkelfeldbildern zeigen:

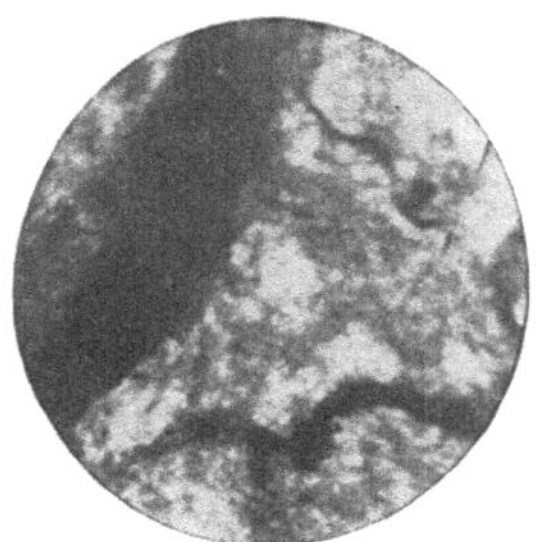

Goldfolie,

bei der die Kriställchen einer bestimmten Lage an ihrer starken Helligkeit erkennbar werden.

1936 Boersch [68].

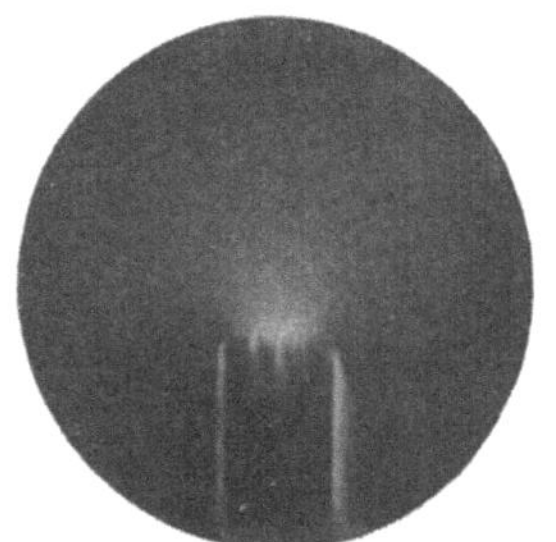

Dampfstrahl

sehr geringer Dichte tritt aus einer Düse in einen Hochvakuumraum aus. Dampfstrahl und Rand der Düse sind erkennbar.

1937 Boersch [84].

Das Hauptanwendungsgebiet des Durchstrahlungs-Elektronenmikroskops liegt bei hohen Vergrößerungen, wo sich die Vorzüge der kurzwelligen Elektronenstrahlung zu zeigen vermögen. Infolge der um Zehnerpotenzen kürzeren Wellenlänge der im Elektronenmikroskop verwendeten Elektronenstrahlen vermag das Elektronenmikroskop auch unterhalb der Auflösungsgrenze des Lichtmikroskops (0,0002 mm) die Objekte noch getreu abzubilden:

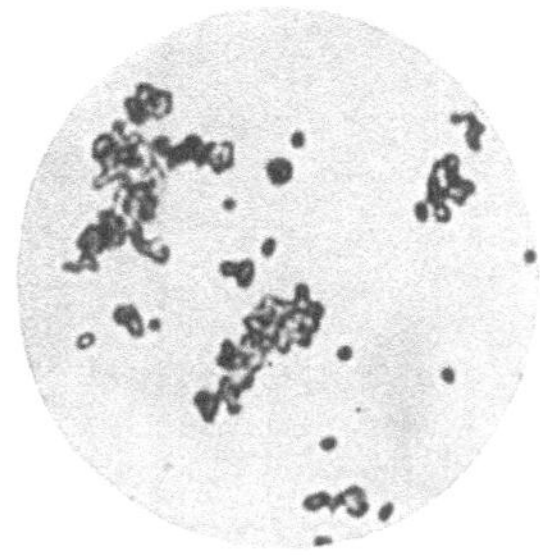

Lichtmikroskopisches Bild

an der Auflösungsgrenze. Es vermag die sehr kleinen Teilchen nicht getreu zu zeigen.

Aufn. Zeiss-Jena. Vergr.: 2100 fach.

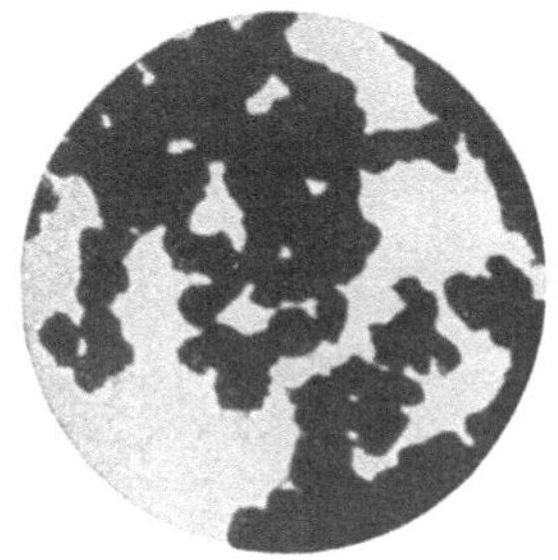

Elektronenmikroskopisches Bild.

Es zeigt trotz sechsmal so hoher Vergrößerung die genaue Form sehr kleiner Teilchen.

1939 Mahl [102]. Vergr.: 13000 fach.

Übermikroskopie und Beugung.

Im Lichtmikroskop entsteht nach Abbe außer dem eigentlichen Bild des Gegenstandes auch ein Beugungsbild. Dieses Beugungsbild ist für die Bildentstehung von größter Wichtigkeit. Deckt man das Beugungsbild teilweise ab, so entsteht ein gefälschtes Bild des Gegenstandes. Das geschieht auch durch die Begrenzung des Objektivs dann, wenn bei der Abbildung kleinster Teilchen die abgebeugten Strahlen stark gegen die optische Achse geneigt sind. Gelangt nämlich dieses Licht, das dem ersten Beugungsmaximum entspricht, nicht mehr ins Objektiv, so wird der betreffende Gegenstand nicht mehr abgebildet, die Auflösungsgrenze ist erreicht.

Im Elektronenmikroskop liegen die Verhältnisse ebenso. Auch hier ist ein Beugungsbild vorhanden und zu beobachten. Auch hier ist das Studium der Beugungserscheinungen und die Untersuchung des Beugungsbildes notwendig, um Klarheit über den Vorgang der Bildentstehung im Elektronenmikroskop, insbesondere im Durchstrahlungs-Übermikroskop, zu erhalten (1936, Boersch [65, 68]).

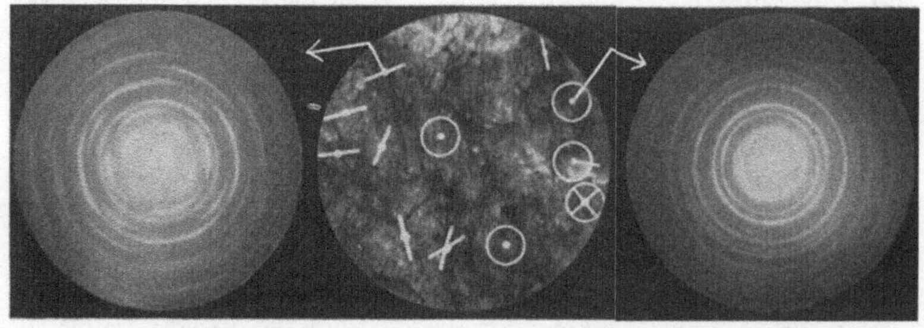

Elektronenbild und Beugungsbild.

In der Mitte ist das Elektronenbild einer durchstrahlten Goldfolie wiedergegeben. An den Seiten stehen die zu den angegebenen Bezirken der Folie gehörigen Beugungsbilder. Durch Ausblenden im Bild erhält man Aufschlüsse über den Aufbau der Folie von Punkt zu Punkt. Man kann aber auch durch Ausblenden im Beugungsbild Aufschlüsse über alle Kristalle bestimmter Lagerung in der Folie erhalten.

1936 Boersch [68]. Vergr.: 80 fach.

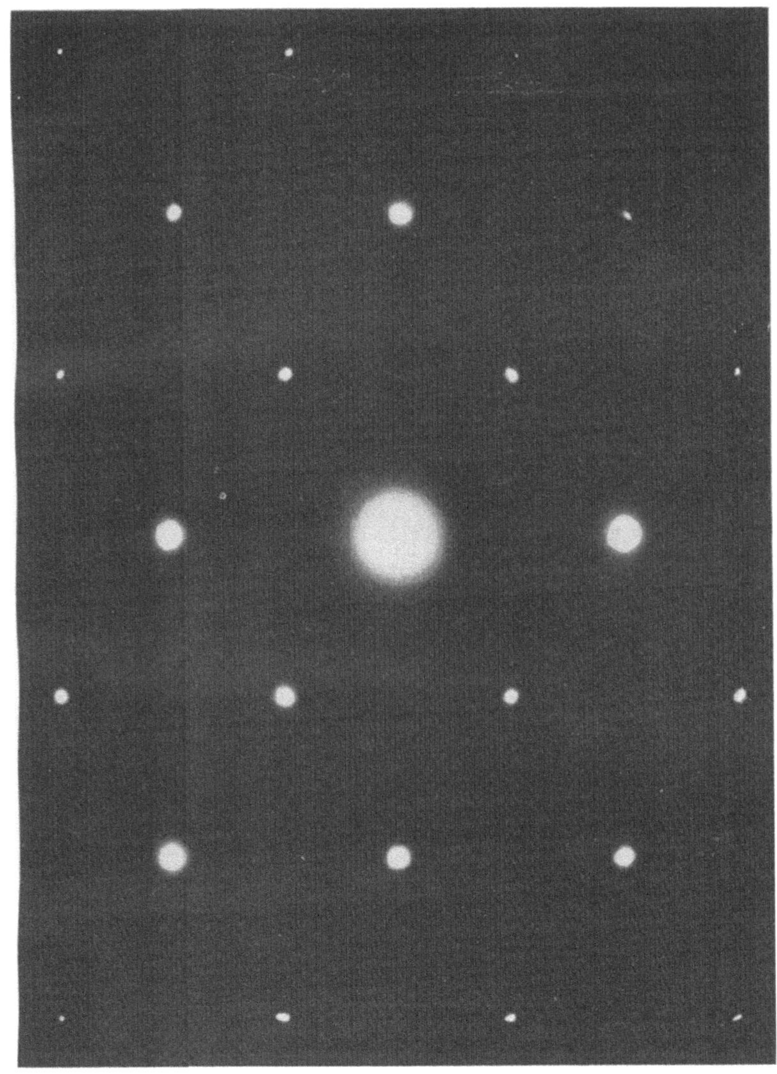

Elektronenbeugungsbild.

Diese Aufnahme wurde beim Durchtritt eines feinen Elektronenstrahls durch einen Kochsalz-Kristall erzielt. Da solche Bilder nur bei der Wechselwirkung von Wellenstrahlung mit den Gitterstrukturen der Kristalle auftreten, gelten sie als Beweis des Wellencharakters der Elektronenstrahlung.

1940 Boersch [114].

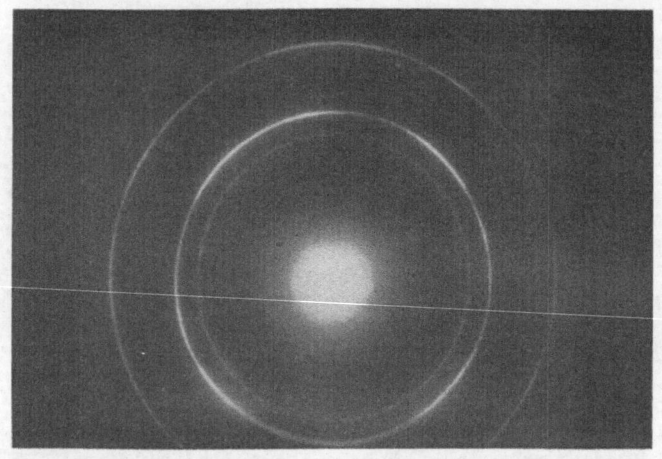

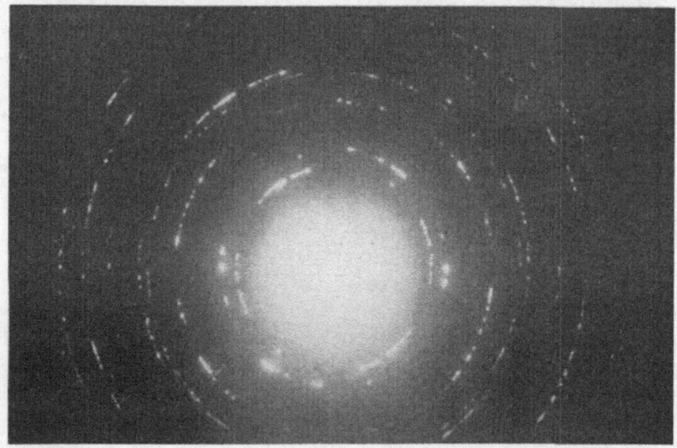

Elektronenbeugungsbilder

von Gold (oben) und von Kochsalz (unten). Derartige Aufnahmen geben Aufschluß über die Abstände der Atome in den Kristallgittern und die Ausdehnung der zusammenhängenden Gitterkomplexe. Sie ergänzen die Leistungen des heutigen Übermikroskops, das solche Aussagen wegen der praktischen Begrenzung des Auflösungsvermögens direkt noch nicht ermöglicht.

1940 Boersch [114].

Vom Mikroskop zum Übermikroskop.

1876 spricht Abbe, der große Optiker des vorigen Jahrhunderts, der die prinzipielle Grenze des Lichtmikroskops erkannte, seinen Glauben dahin aus, daß einst das Vordringen zu kleinsten Dimensionen über die Grenze des Lichtmikroskops hinaus möglich sein würde:

> *„Nach allem, was im Gesichtskreis unserer heutigen Wissenschaft liegt, ist der Tragweite unseres Sehorgans durch die Natur des Lichtes selbst eine Grenze gesetzt, die mit dem Rüstzeug unserer dermaligen Naturkenntnis nicht zu überschreiten ist. Es bleibt natürlich der Trost, daß zwischen Himmel und Erde noch so manches ist, von dem sich unser Unverstand nichts träumen läßt. Vielleicht, daß es in der Zukunft dem menschlichen Geist gelingt, sich noch Prozesse und Kräfte dienstbar zu machen, welche auf ganz anderen Wegen die Schranken überschreiten lassen, welche uns jetzt als unübersteiglich erscheinen müssen. Das ist auch mein Gedanke. Nur glaube ich, daß diejenigen Werkzeuge, welche dereinst vielleicht unsere Sinne in der Erforschung der letzten Elemente der Körperwelt wirksamer als die heutigen Mikroskope unterstützen, mit diesen kaum etwas anderes als den Namen gemeinsam haben werden“.*

1929 beschreibt Stintzing (DRP 485155, angemeldet am 13. 5. 27, ausgegeben 28. 12. 1929), nachdem man schon die Anwendung der kurzwelligen Röntgenstrahlung zur Überschreitung der Auflösungsgrenze diskutiert hat, eine mikroskopische Einrichtung mit Korpuskularstrahlen, die wir heute „Rastermikroskop" nennen. Der Erfinder, der dabei die Eigenschaft rotationssymmetrischer Felder, wie Linsen zu wirken, nicht ausnutzt, faßt die Elektronen als Korpuskularstrahlung auf. Er behandelt die von Abbe gestellte Aufgabe auf korpuskularer Basis und löst sie ohne Verwendung elektronenoptischer Abbildung durch Abrasterung des Objekts mit einem submikroskopisch feinen Korpuskelstrahl.

Inzwischen sind durch Busch die Elektronenlinsen gefunden und ist durch de Broglie die Wellennatur des Elektrons postuliert worden. Es entsteht in analogem Aufbau zum Lichtmikroskop das eigentliche Elektronenmikroskop, dessen Möglichkeiten man nun natürlich auch vom Standpunkte der Wellenvorstellung des Elektrons diskutiert.

1933 erhalten die neuen Mikroskope, die über die Auflösungsgrenze des Lichtmikroskops hinausgehen, ihren Namen. Brüche [13] schlägt für sie die Bezeichnung „Übermikroskop" vor:

> *„Bei der Weiterentwicklung der Abbildungssysteme geht die Arbeit dem fernen Ziel des „Übermikroskops“ entgegen, d. h. eines Mikroskops, das infolge der Kleinheit der Elektronenwellenlänge auch dann noch aufzulösen vermag, wenn das Lichtmikroskop längst seine prinzipielle Grenze erreicht hat“.*

So ist aus Abbes Glauben an „diejenigen Werkzeuge, welche dereinst vielleicht unsere Sinne in der Erforschung der letzten Elemente der Körperwelt wirksamer als die heutigen Mikroskope unterstützen" werden, eine Aufgabestellung der Elektronenoptik geworden. An die Stelle der Glaslinse tritt die Elektronenlinse. Aus dem Mikroskop wird das Übermikroskop.

Schatten-Übermikroskop.

Das Schattenmikroskop nach Boersch [99] ist das in grundsätzlicher Beziehung einfachste Durchstrahlungs-Übermikroskop. Es besteht aus einem elektronenoptischen Verkleinerungssystem, das von der Kathode K (oder von einer engen mit Elektronen bestrahlten Blende) durch die Linsen L_1 und L_2 (s. Bild unten links) in zwei Stufen einen sehr kleinen Elektronenfleck dicht vor dem Objekt erzeugt. Von diesem „Überkreuzungspunkt" der Elektronenstrahlen aus wird nun das Objekt durchstrahlt und als vergrößertes Schattenbild auf den Leuchtschirm LS oder die Fotoplatte F projiziert. Die Vergrößerung des Schattenmikroskops ergibt sich, wenn man die Überschneidungsstelle der Strahlen als punktförmige Elektronenquelle ansieht, zu $V = e/a$ (s. Bild rechts).

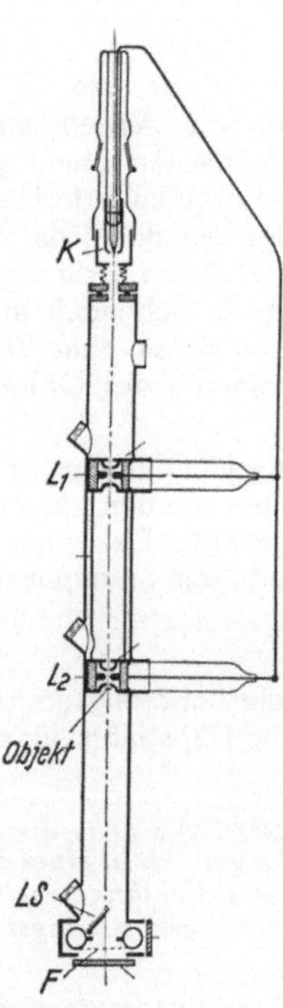

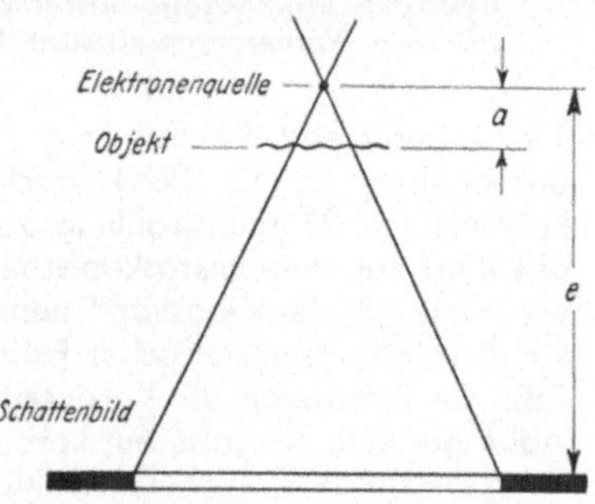

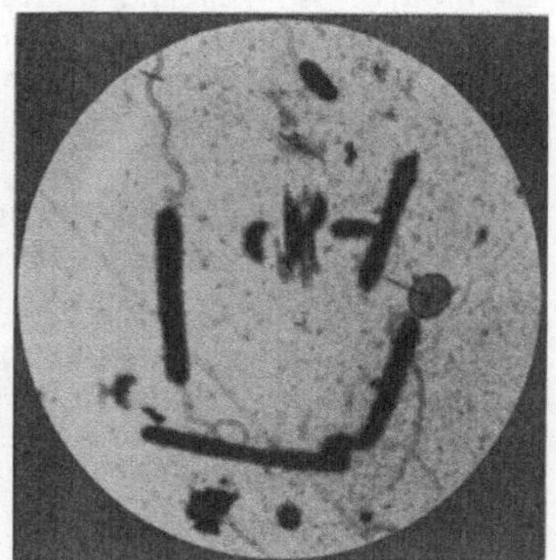

Schnitt durch das Schatten-Übermikroskop mit elektrostatischen Linsen, deren Mittelelektroden auf Kathodenpotential liegen.

Schema der Bilderzeugung beim Schattenmikroskop und Schattenbild von Bakterien verschiedener Art.

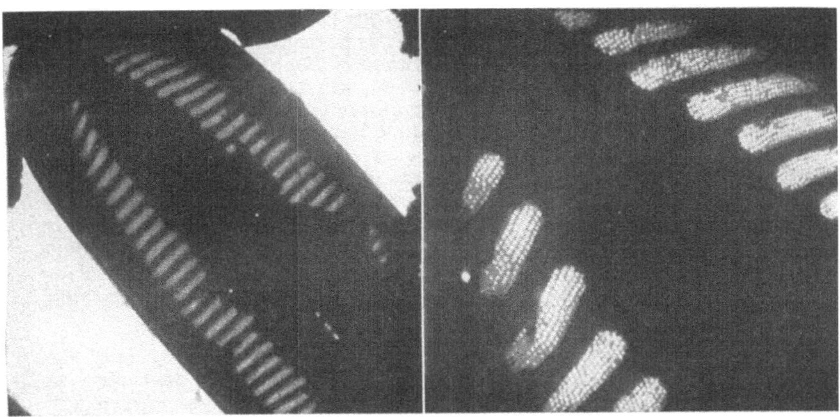

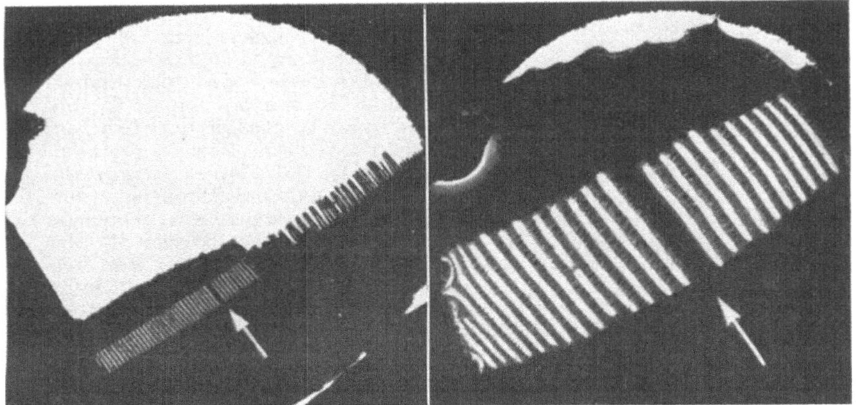

Diatomeenschatten.

Nach der Wahl des Abstandes a (s. Gegenseite) bestimmt sich die Vergrößerung. Es ist ein besonderer Vorteil der Übermikroskopie mit dem Schattenmikroskop, daß sich die Vergrößerung durch eine einfache mechanische Abstandsverstellung in weiten Grenzen ändern läßt. So kann man sich, wie es obige Bildreihen für zwei Diatomeen von verschieden grobem Gitter zeigen, zunächst ein Übersichtsbild verschaffen und dann zu einer interessierenden Einzelheit durch Heranschieben des Objektes an den Überkreuzungspunkt *stetig* übergehen.

Oben Vergr.: 1100- bzw. 4200 fach,
Unten Vergr.: 1380- bzw. 5700 fach.

1939 Boersch [115].

Abbildungs-Übermikroskop.

Die heutigen Abbildungs-Übermikroskope sind unter dem Vorbild des Projektions-Lichtmikroskops und des Kalt-Kathoden-Oszillographen entwickelt worden. Vom Lichtmikroskop übernahm das Übermikroskop — abgesehen von der Aufgabe — das Durchstrahlungsprinzip, die Abbildung mit zwei Linsen in zwei Stufen, den Kondensor und manche Einzelheit, wie z. B. den senkrechten Aufbau. Vom Kathoden-Oszillographen, der ebenfalls eine zweistufige Abbildung benutzt, stammt die Verwendung des Strahls schneller Elektronen und damit Glühkathode, Beschleunigungseinrichtung, Vorkonzentration und Plattenschleuse. Unterschiedlich ist gegenüber dem Oszillographen die neu hinzugetretene Objektschleuse mit der Objektverschiebungs-Einrichtung und die Kurzbrennweitigkeit der Linsen.

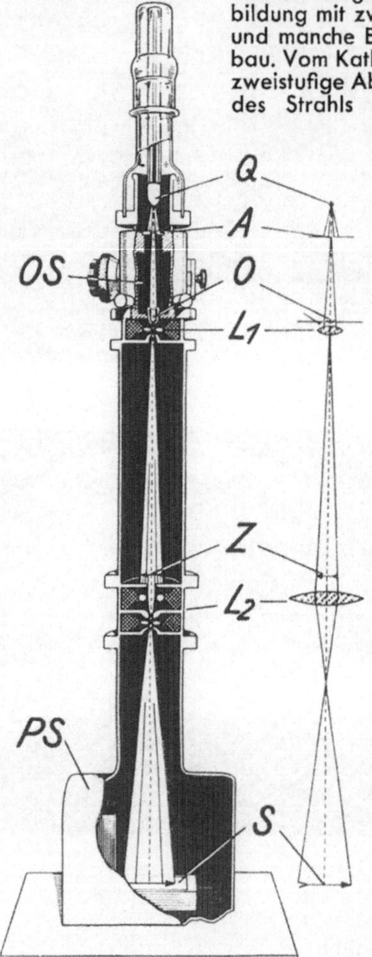

Nebenstehende Abbildung zeigt den grundsätzlichen Aufbau des Elektronen-Übermikroskops im Vergleich zum lichtoptischen Strahlengang am Beispiel des elektrostatischen Übermikroskops nach Mahl. Von der Quelle Q, einer Glühkathode, werden die Elektronen zur Anodenblende A durch einige zehntausend Volt beschleunigt. Sie durchdringen nun die Objektschleuse OS und das Objekt O. Die erste Linse L_1 entwirft das Zwischenbild Z des Objektes dicht vor der zweiten Linse L_2. Diese Projektionslinse, die in der Abbildung als Doppellinse ausgebildet ist, zeichnet das endgültige Bild auf dem Leuchtschirm S der Plattenschleuse PS. Rechnet man beispielsweise für jede Linse 100fache Vergrößerung, so erhält man also ein 10 000fach vergrößertes Bild auf dem Leuchtschirm oder der photographischen Platte.

Je nachdem, ob man für die Linsen magnetische oder elektrische Felder verwendet, spricht man vom magnetischen oder elektrischen Elektronenmikroskop. Im AEG Forschungs-Institut werden beide Typen entwickelt; die erstere als Laboratoriumsgerät zur Erzielung von Aufnahmen mit sehr hohen Elektronenenergien, die letztere, deren Entwicklung infolge des Fehlens jeglicher Erfahrung vom Kathoden-Oszillographen her schwieriger war, um ein einfaches Gebrauchsgerät — eine „rationelle Konstruktion" im Sinne von Abbe — zu erhalten. So entstanden das

Jochlinsen-Übermikroskop und das elektrostatische Übermikroskop.

V. Technik der Durchstrahlungs-Übermikroskopie.

Elektronenstrahlen unterscheiden sich in den Eigenschaften, die für die Bilderzeugung maßgebend sind, wesentlich von den Lichtstrahlen. Da es etwas Entsprechendes wie das für Licht durchlässige Glas nicht gibt, gibt es auch keinen Objektträger im optischen Sinne. In der Übermikroskopie werden die Objekte entweder freitragend auf einem sehr feinen Netz oder über eine Blende von 0,1 mm Durchmesser aufgespannt (Rauchpartikeln, Fasern) oder auf einen interferenzlos dünnen Lackfilm aufgestäubt bzw. aufgetrocknet (s. die folgenden Seiten).

Die geringe Durchdringungsfähigkeit der Elektronenstrahlen erfordert bei kompakten Objekten besondere Präparationsverfahren, die auf die Herstellung feinster Zerteilungen bzw. durchstrahlter Formen abzielen. So lassen sich z. B. Zellulosefasern durch Zermahlen oder Zerquetschen in eine für die Untersuchung geeignete feine Form bringen (vgl. S. 88). Oberflächen von kompakten Materialien können auf dem Umweg über einen dünnen Abdruckfilm, der nach dem Ablösen die Oberflächenform beibehält, mit dem Durchstrahlungsmikroskop abgebildet werden.

Trotz des hohen Auflösungsvermögens des Übermikroskops wird nicht in allen Fällen eine vollständige Analysierung der Objekte gelingen, selbst wenn sie in einer für die Abbildung günstigen Form vorliegen. Dies gilt besonders für den Gitteraufbau, dessen Analysierung nach wie vor der Elektronen- oder Röntgenbeugung vorbehalten bleibt. Um derartige Ergänzungsuntersuchungen an demselben Objekt durchzuführen, kann das elektrostatische Übermikroskop mit einer Elektronenbeugungseinrichtung versehen werden. Zur Durchführung der Beugungsaufnahmen (Boersch) wird das Objekt bei abgeschalteten Linsen unterhalb der Projektionsoptik in den Strahlengang geschleust (vgl. folgendes Bild und S. 84, 85).

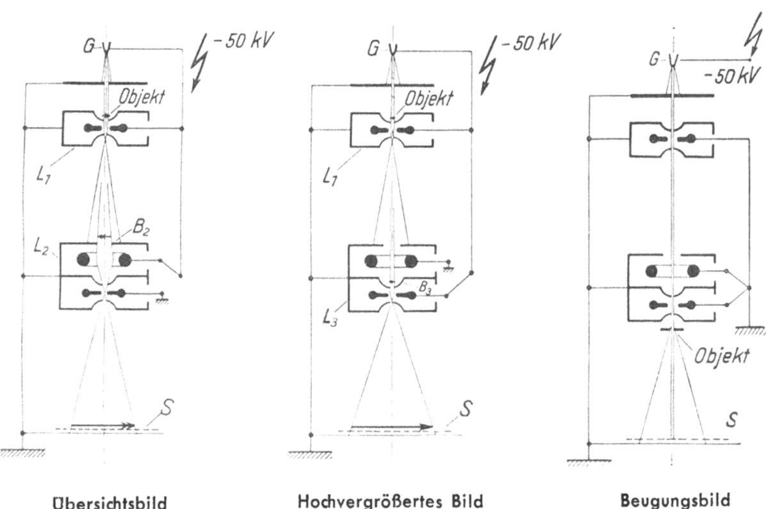

Übersichtsbild — Hochvergrößertes Bild — Beugungsbild

Vorbereitung eines Objektes.

Ein Tropfen von Zaponlack ist auf Wasser getropft worden und hat sich zu einer sehr feinen Haut verteilt. Gerade soll der Objektträger unter die Zaponhaut geschoben werden, so daß beim Herausheben der Trägerplatte alle 8 Plättchen, die in der Mitte eine feine Öffnung tragen, mit dem Häutchen überzogen sind.

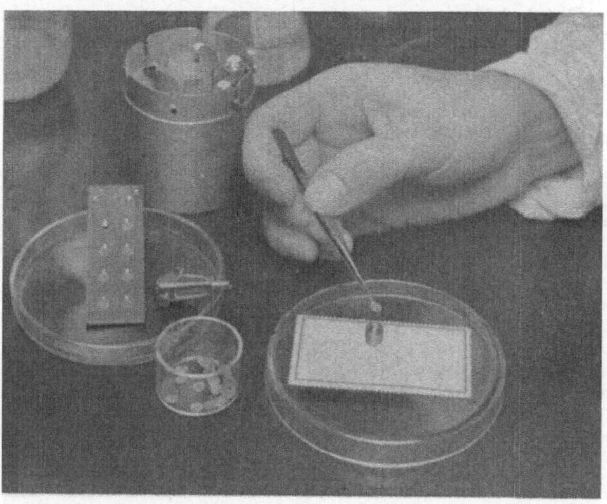

Auf ein Trägerplättchen mit dem über die zentrale Öffnung gespannten Häutchen ist das Objekt (z. B. Bakterien in Wasser) gebracht worden. Das Plättchen wird nun in die abgeschraubte Kappe des Objekthalters eingelegt.

Einschleusen des Objektes.

Die Tür der Objektschleuse ist geöffnet worden, so daß eine Gabel zum Vorschein kommt. In diese Gabel wird nun der Objekthalter mit dem am unteren Ende befindlichen Objekt eingehängt.

Nach Schließen der Schleusentür wird der Objekthalter durch einen Drehknopf an der linken Schleusenwand *in den* Kreuztisch gesenkt, so daß das Objekt nun dicht vor dem Elektronenobjektiv liegt.

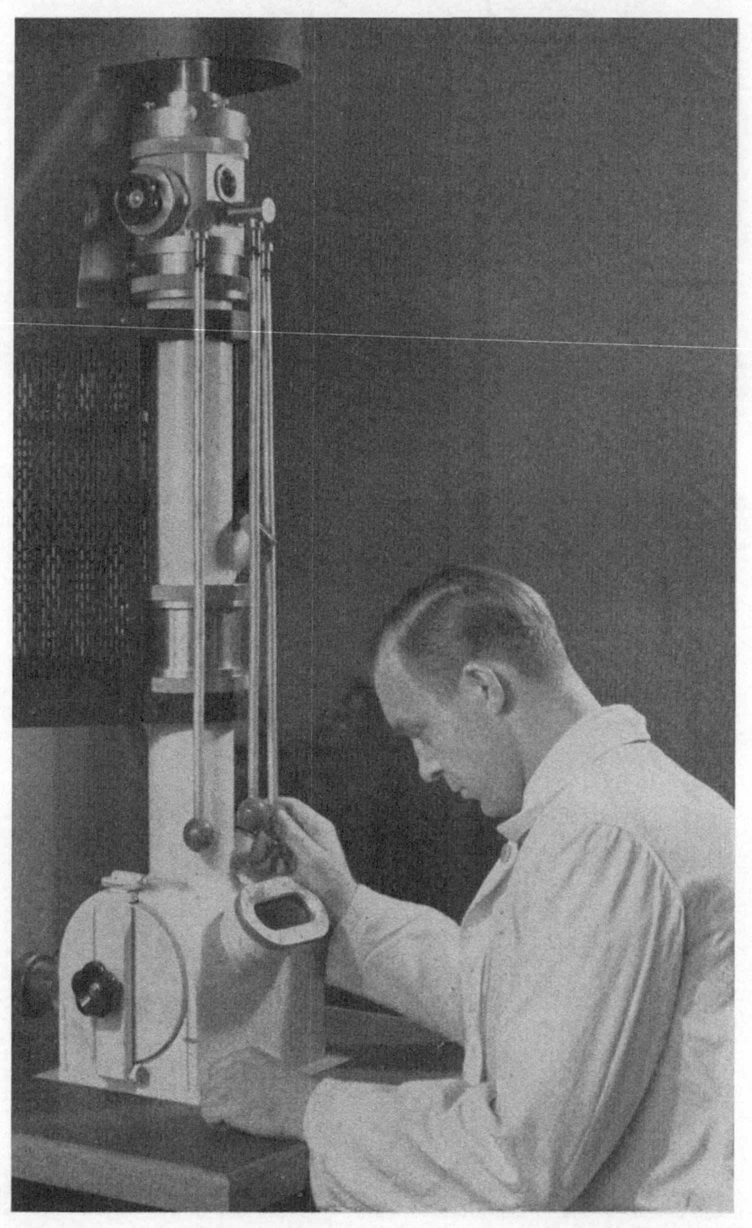

Scharfstellung des Elektronenbildes.

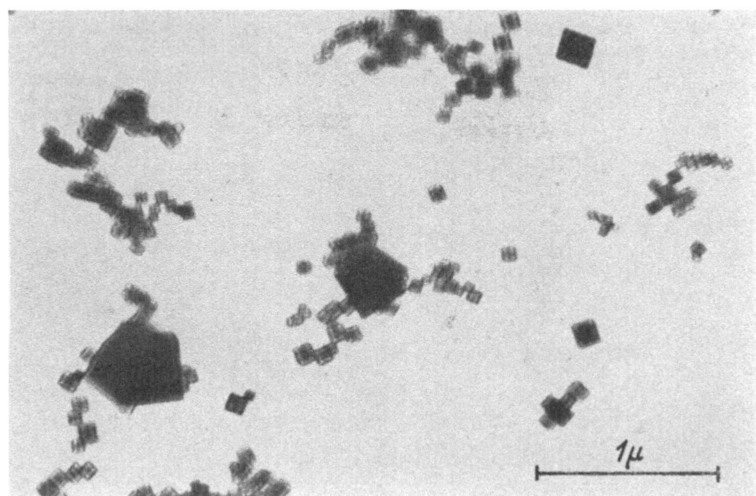

Von den drei auf nebenstehendem Bild zu erkennenden, hängenden Stäben, die die Objekteinstellung vermitteln, dienen die beiden äußeren zur Seitenverschiebung (Bildfeldeinstellung), der mittlere zur Höhenverstellung (Scharfeinstellung). Ist das Objekt nicht in richtiger Höhenlage gegenüber dem darunterliegenden Objektiv, so zeigen die Umrisse der Objekte im Bild doppelte Konturen.

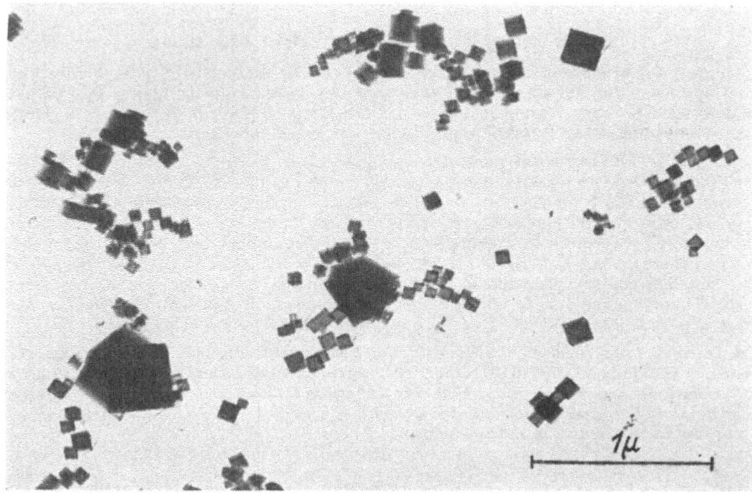

Ist das Objekt *in richtige* Stellung zur Elektronenlinse gebracht, so sind die doppelten Konturen verschwunden.

Aufnahme des Elektronenbildes.

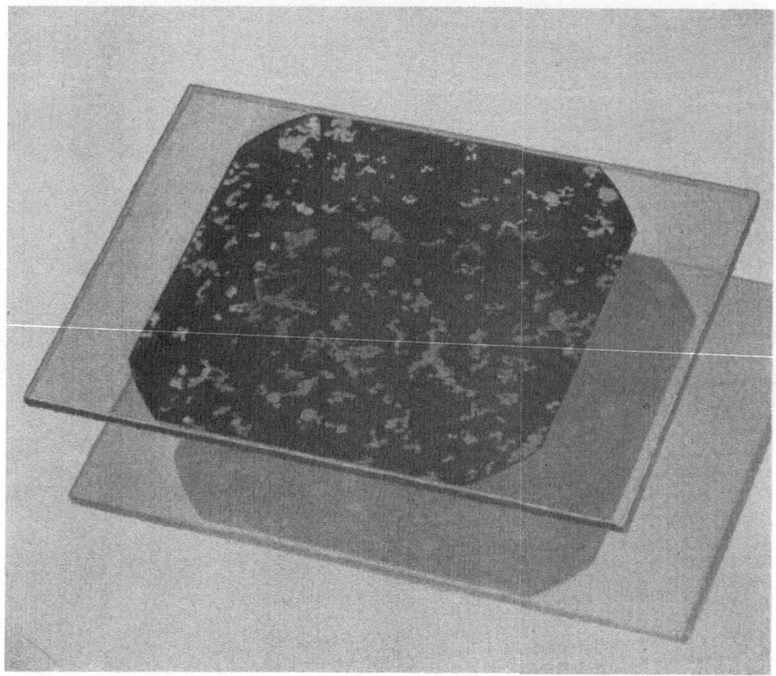

Negativ einer übermikroskopischen Aufnahme.

Unter dem Leuchtschirm, auf dem das Elektronenbild beobachtet wird (vgl. S. 70), liegt die Fotoplatte. Zur Aufnahme des Bildes wird der Leuchtschirm kurzzeitig fortgedreht, so daß die Elektronen einige Sekunden auf die fotografische Schicht fallen. Die Platte wird nun aus dem Übermikroskop entfernt und wie üblich entwickelt.

Zum schnellen Plattenwechsel dient die Plattenschleuse. Nach Herunterklappen des auf dem Bild S. 70 links zu erkennenden Deckels wird eine Kassette mit 24 Platten in das Gerät eingeschoben. Die Entnahme der einzelnen Platten aus der Kassette und die Ausschleusung aus dem Hochvakuum erfolgt — ohne daß die mikroskopische Beobachtung unterbrochen wird — durch einen Mechanismus, den der Beobachter durch Heben und Senken des Bedienungshebels betätigt (s. S. 19). Bei jedem Herunterdrücken des Hebels erfolgt eine der notwendigen Maßnahmen. Nach sechsmaligem Herunterdrücken ist die Platte ausgeschleust und eine neue Platte unter den Leuchtschirm gebracht. So können Aufnahmen in Abständen von weniger als einer Minute aufeinander folgen.

Die Aufnahme des Elektronenbildes wird bei dem elektrostatischen Übermikroskop entweder in 1000facher oder 10 000facher Vergrößerung vorgenommen. Die sehr scharfen Bilder können dann auf die förderliche Vergrößerung lichtoptisch nachvergrößert werden, *wobei man Bilder großen Gesichtsfeldes* erhält, wie es das Bild der Gegenseite und die Bilder der Seiten 27 und 28 erkennen lassen.

(Bild rechts)

Magnesiumoxyd-Kristalle.

Nachvergrößerter Ausschnitt aus der oben abgebildeten Platte.
Vergr.: 25 000 fach.

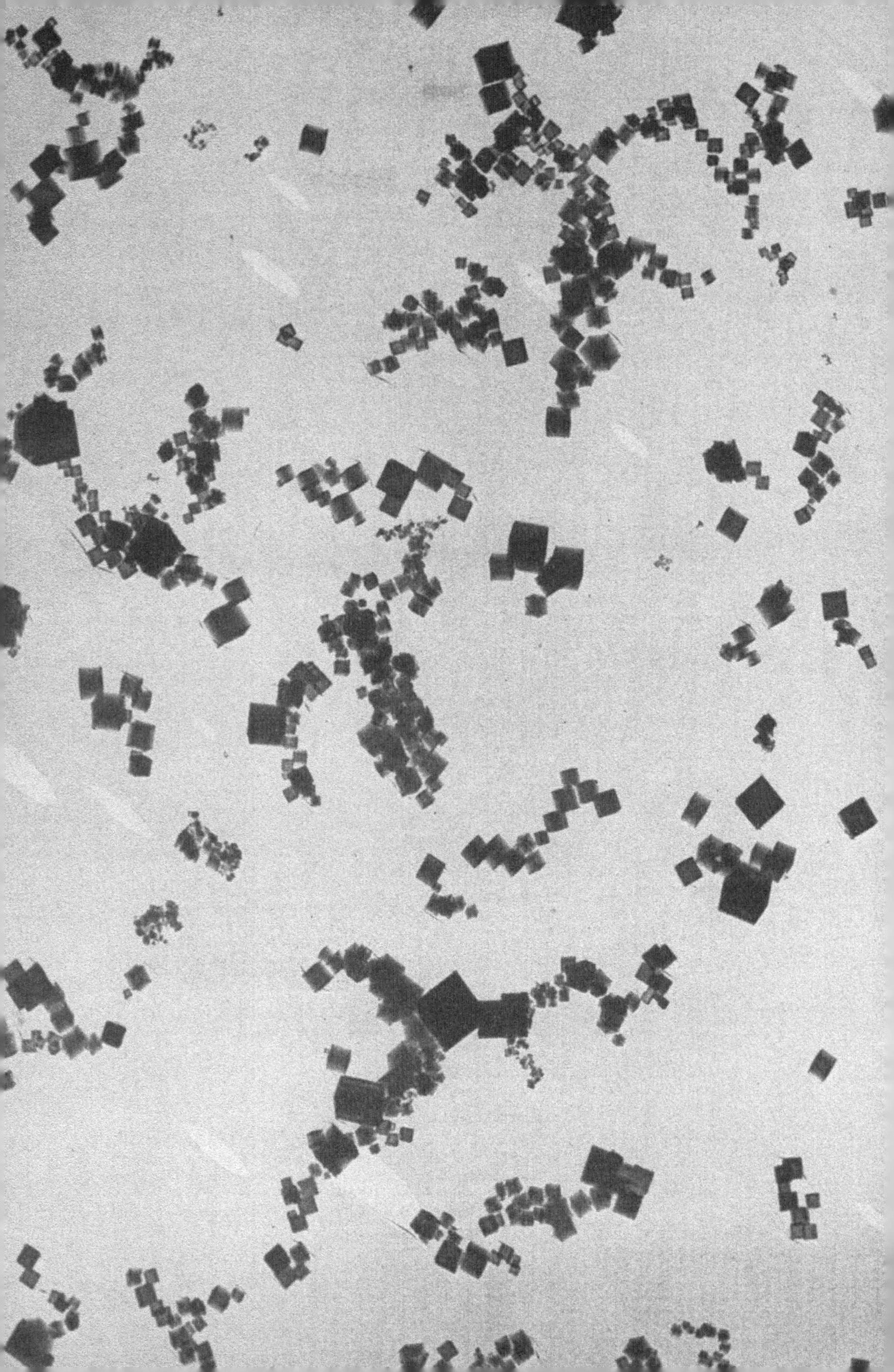

Präparation: Objektträgerfolie.

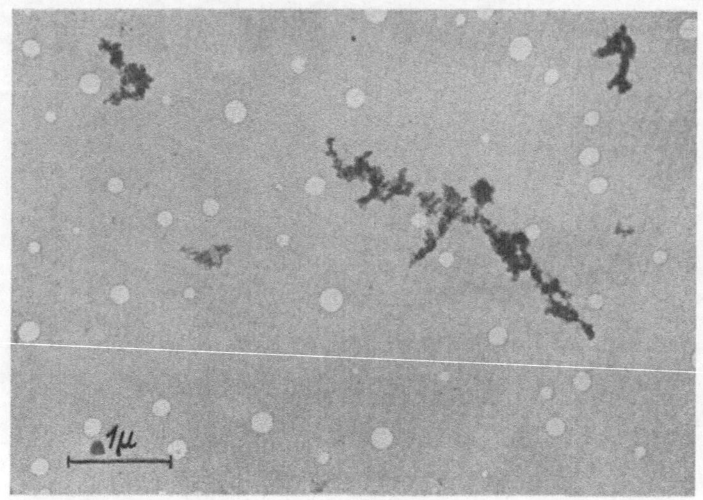

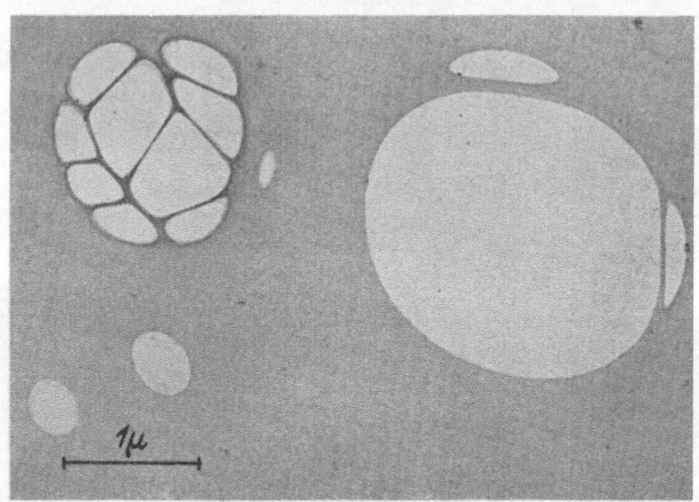

Zaponfolie mit Löchern.

Löcher sind die häufigste Fehlerscheinung bei Zapon-Trägerfolien. Es kommen Löcher ganz verschiedener Größe vor, die sich oft während der Bestrahlung bilden oder vergrößern. Dabei entstehen durch Aneinanderstoßen sich ausdehnender Löcher größere Öffnungen mit Zwischenstegen, wie sie das untere Bild erkennen läßt.

Gölz.	Elektr. Aufn.	Vergr.: 14 000 fach.
Kinder.	Magnet. Aufn.	Vergr.: 19 000 fach.

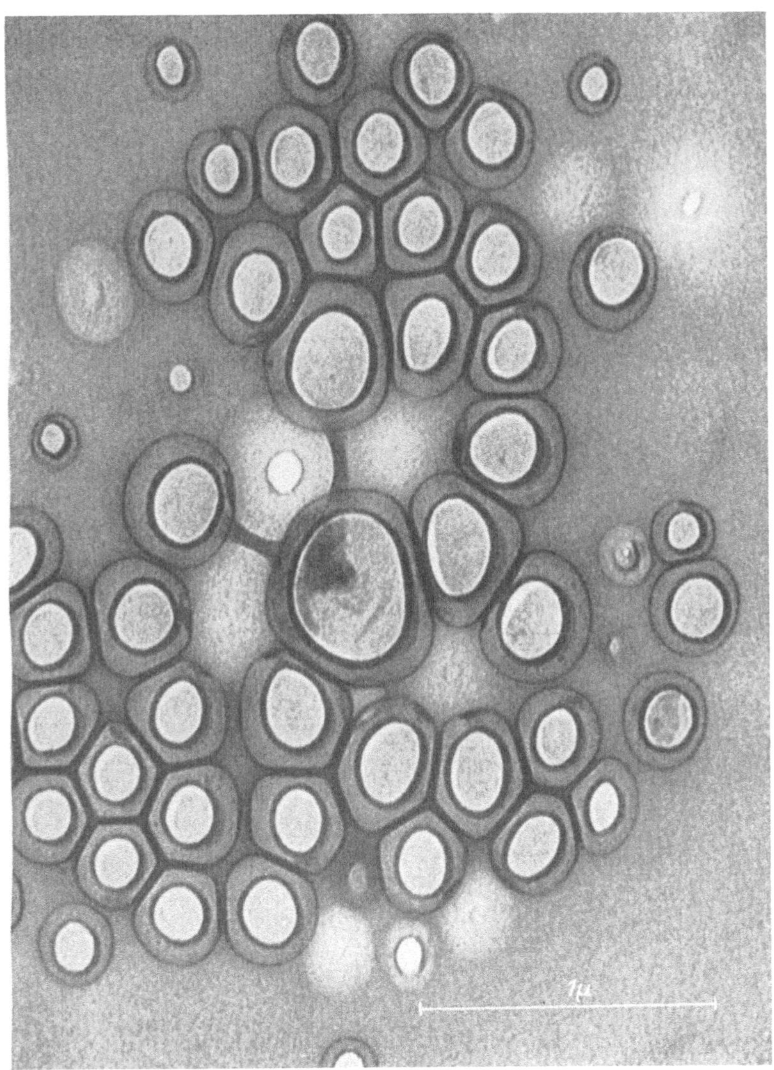

Zaponfolie mit Blasen.

Außer Rissen, Falten und Löchern, wie sie z. T. auch die Bilder der Gegenseite zeigen, sind gelegentlich Blasen zu beobachten. Einen solchen Fall läßt unser Bild erkennen, wobei die Mehrzahl der Blasen außerdem einseitig aufgerissen zu sein scheint. (Die feine Struktur gehört nicht der Folie selbst an, sondern rührt von einem aufgedampften Metallniederschlag her (vgl. S. 110/111).

Kinder [136]. Magnet. Aufn. Vergr.: 40 000 fach.

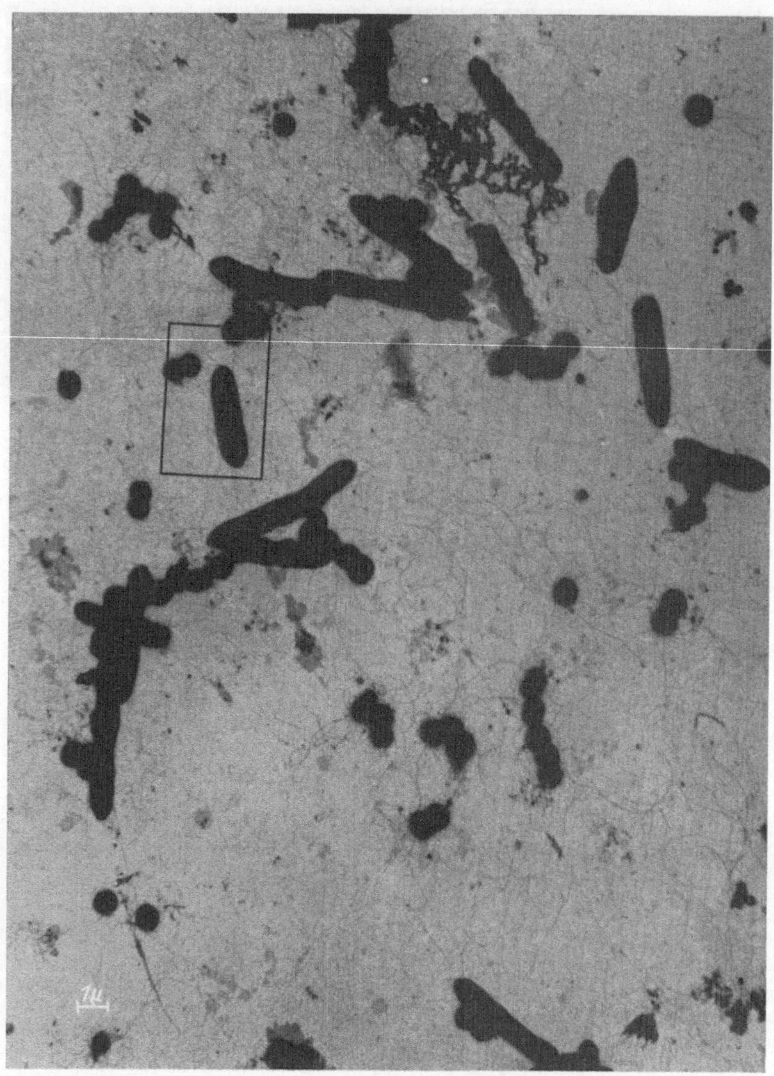

Übersichtsaufnahme von Bakterien.

Das Bild ist in 1000facher Vergrößerung mit dem elektrostatischen Übermikroskop aufgenommen und $4\frac{1}{2}$mal lichtoptisch nachvergrößert. Es zeigt Tetanomorphus-Bakterien (die stäbchenförmigen Gebilde mit Geißeln) und Eiterkokken (Staphylokokken).
Jakob u. Mahl [120]. Elektr. Aufn. Vergr.: 4500fach.

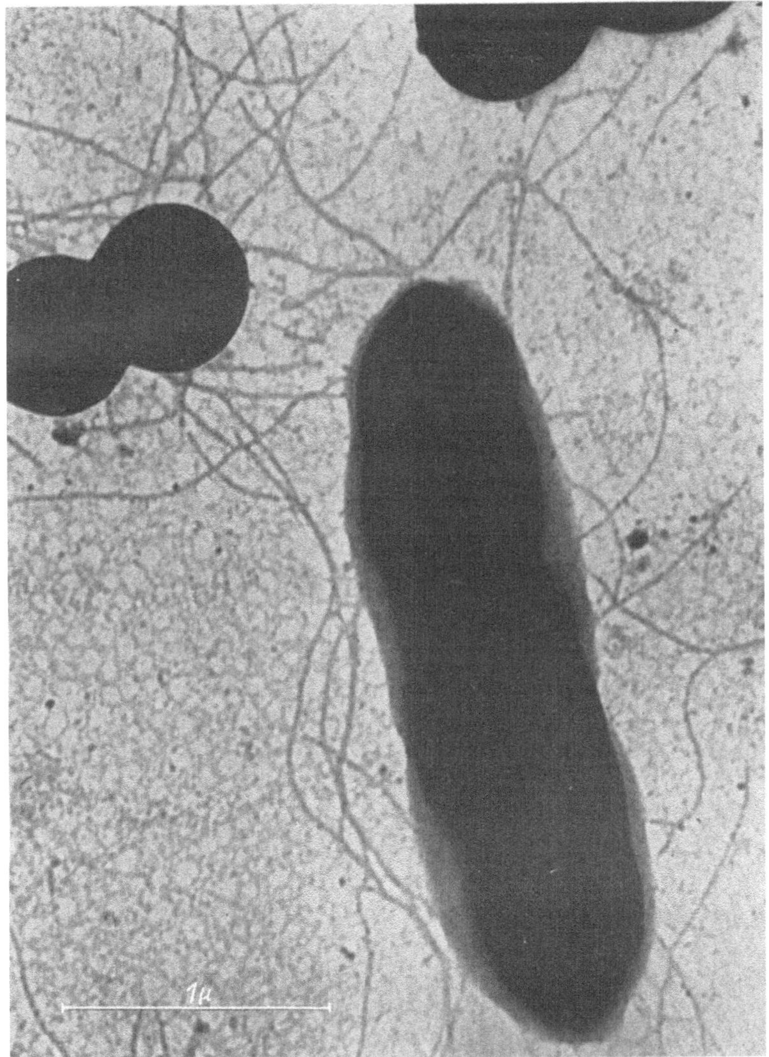

Einzelbakterien in hoher Vergrößerung.

Der umrandete Bezirk des Übersichtsbildes auf der Gegenseite ist hier durch Einschalten der hohen Vergrößerungsstufe des elektrostatischen Übermikroskops rund 10 fach weitervergrößert. Jetzt erkennt man z. B., daß die Eiterkokken von weniger als einen Tausendstel Millimeter Durchmesser eine sehr regelmäßige Kugelform mit sehr scharfer Umgrenzung haben. Auch dieses Bild ist mehrfach lichtoptisch nachvergrößert.

Jakob und Mahl [120] Vergr.: 37 000 fach.

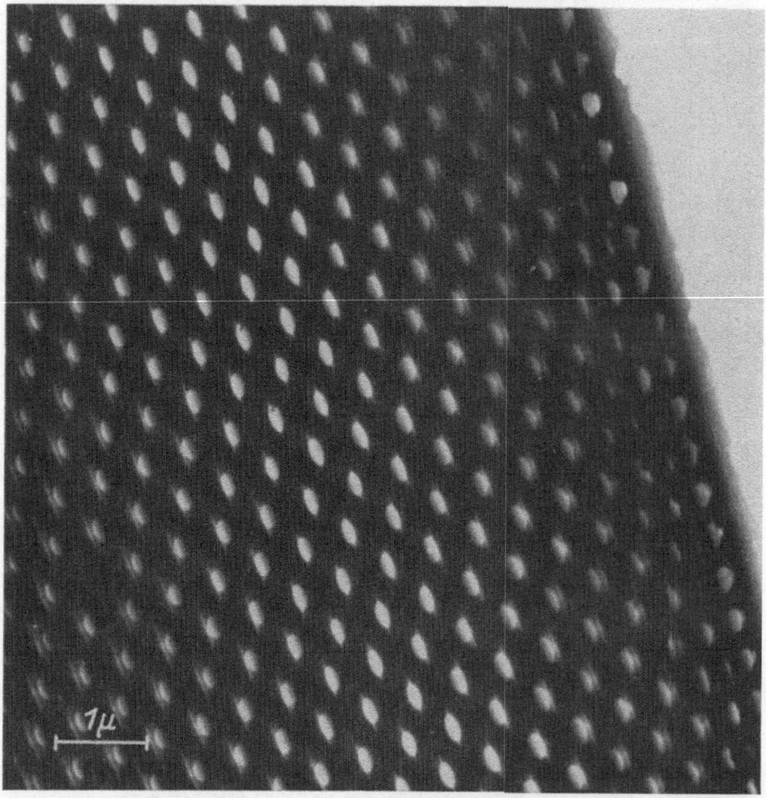

Hell- und Dunkelfeldbild einer Diatomee.

Wie beim Lichtmikroskop sind beim Elektronenmikroskop neben den üblichen Hellfeld-Aufnahmen auch Dunkelfeld-Aufnahmen durch Ausblendung des Hauptstrahles zu erzielen. Die Bilder dieser Seite zeigen eine Diatomee mit ihrer regelmäßigen Struktur, das Testobjekt des Lichtmikroskopikers. Die Aufnahmen lassen die größere Schärfe des Hellfeldbildes deutlich erkennen.

Kinder [136]. Magnet. Aufn.
Vergr.: 12 000-, 6000 fach.

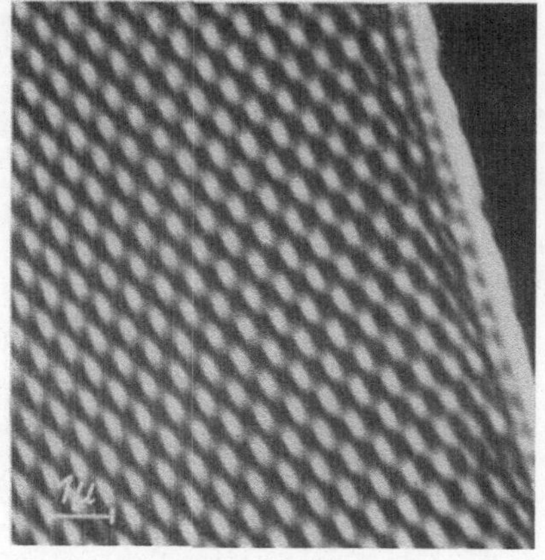

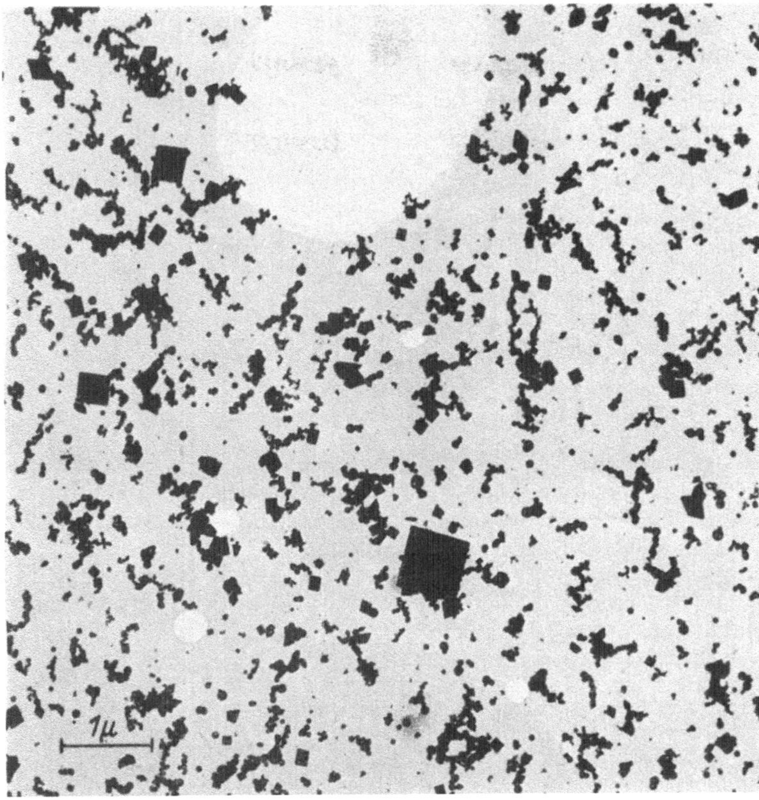

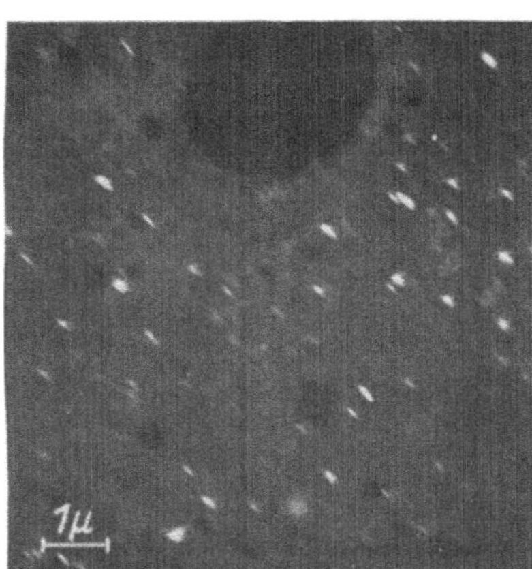

Hell- und Dunkelfeldbild von Wolfram aus dem Lichtbogen.

Zwischen Wolframelektroden wurde ein Lichtbogen erzeugt. Der entstehende Rauch wurde auf einer Zaponfolie niedergeschlagen. Man erkennt auf dem Hell- und Dunkelfeldbild sich entsprechende Einzelheiten, so die größeren Würfel und das große Loch oben in der Zaponfolie. Interessant sind im Dunkelfeldbild die vereinzelten kräftigen Reflexe, die von einzelnen Kriställchen in günstiger Lage zum Strahl herrühren. Die Auflösung des Dunkelfeldbildes liegt unter 50 mμ.

Kinder [136]. Magnet. Aufn. Vergr.: 12 000-, 6000 fach.

Methodik: Verschiedene Durchstrahlungsenergie.

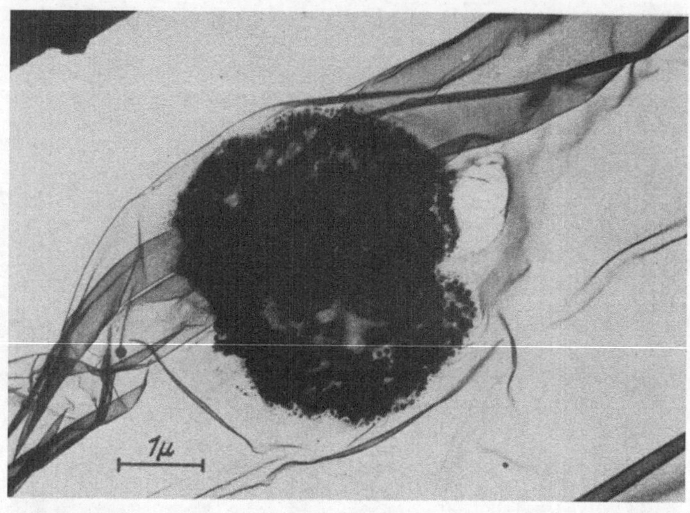

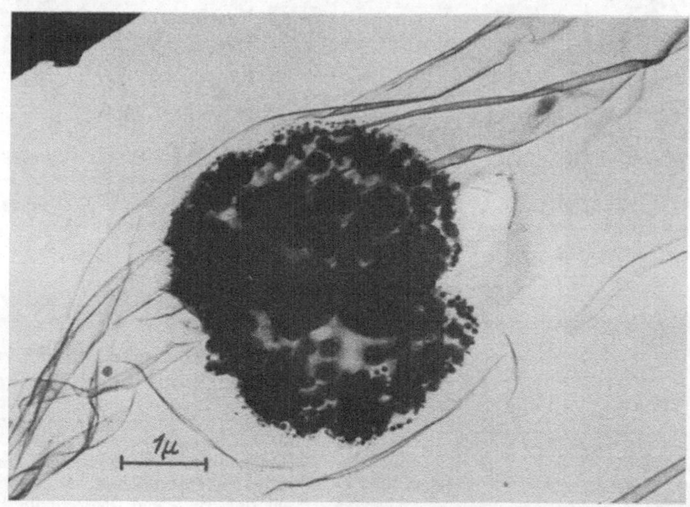

Luftkeim mit verschieden schnellen Elektronen abgebildet.

Gelegentlich erweisen sich die Objekte als so dick, daß die Anwendung höherer Durchstrahlungsenergien als die meist üblichen von 50 000...70 000 eVolt, zweckmäßig ist. So zeigen die beiden Bilder, bei deren oberem 50 000 Volt, bei deren unterem 105 000 Volt benutzt wurden, daß im Inneren des Keimes im zweiten Bild mehr Einzelheiten erkennbar sind.

Kinder. Magnet. Aufn. Vergr.: 12 000 fach.

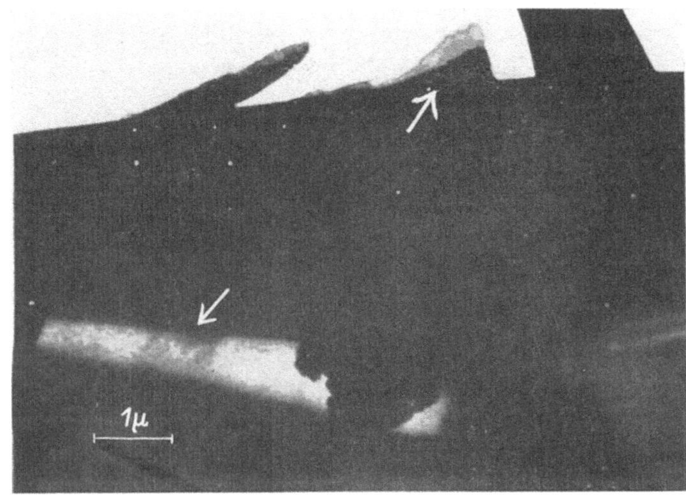

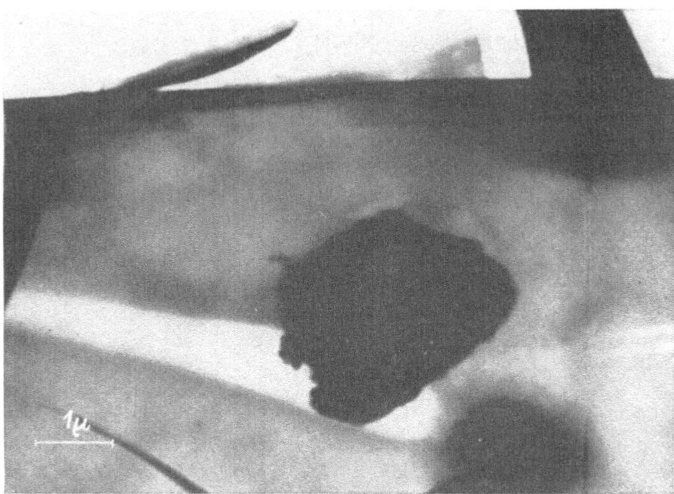

Fliegenflügel mit verschieden schnellen Elektronen abgebildet.

Auch diese beiden Bilder — das obere wurde bei 50 000 Volt, das untere bei 110 000 Volt aufgenommen — zeigen wie die Bilder auf der Nebenseite die bessere Durchstrahlung bei Anwendung der schnelleren Elektronen. Sie zeigen aber auch, daß für die Feinheiten, die durch Pfeile markiert sind, die Durchstrahlungsenergie von 110 000 Volt zu hoch war, da diese Feinheiten im unteren Bild nicht mehr wiedergegeben sind (vgl. auch die Folie *auf den Bildern der Gegenseite* und das Bild S. 153 unten).

Kinder [126]. Magnet. Aufn. Vergr.: 10 000 fach.

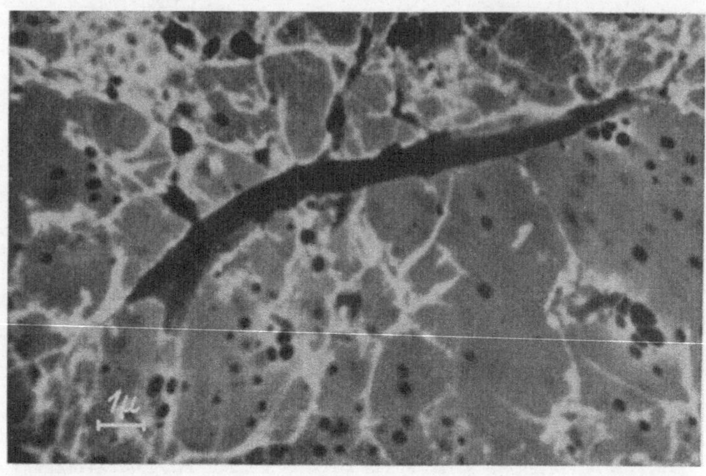

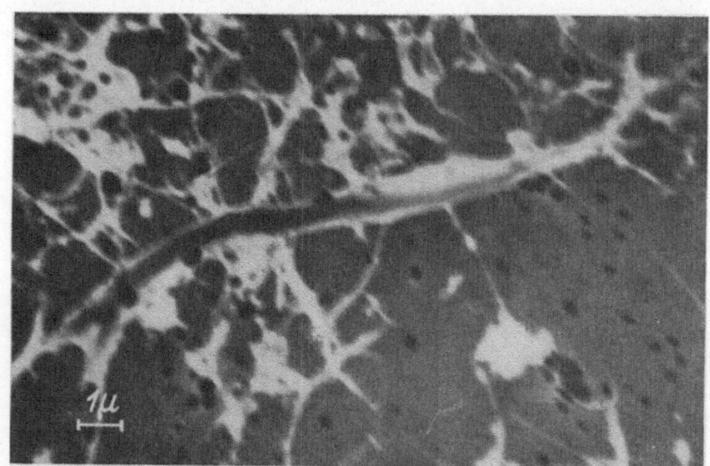

Papierfasern mit verschieden schnellen Elektronen im Dunkelfeld abgebildet.

Bei Dunkelfeldaufnahmen (vgl. S. 78/79) werden lediglich die am Objekt gestreuten Elektronen zur Abbildung benutzt. Mit steigender Elektronengeschwindigkeit nimmt die Streuung an den dünnen Objektpartien ab, wodurch diese im Bilde dunkler werden. Gleichzeitig werden dicke Objektschichten leichter durchdrungen, so daß auch die hier abgestreuten Elektronen mehr und mehr zur Bilderzeugung beitragen. Unsere Bilder, die bei 60 000 Volt und 114 000 Volt aufgenommen sind, bestätigen diese Vorstellung: Bei dem unteren, mit den schnelleren Elektronen aufgenommenen Bild ist die Trägerfolie dunkler, die dicke Faser aber heller.

Kinder [141]. Magnet. Aufn. Vergr.: 6000 fach.

Methodik: Stereoaufnahme.

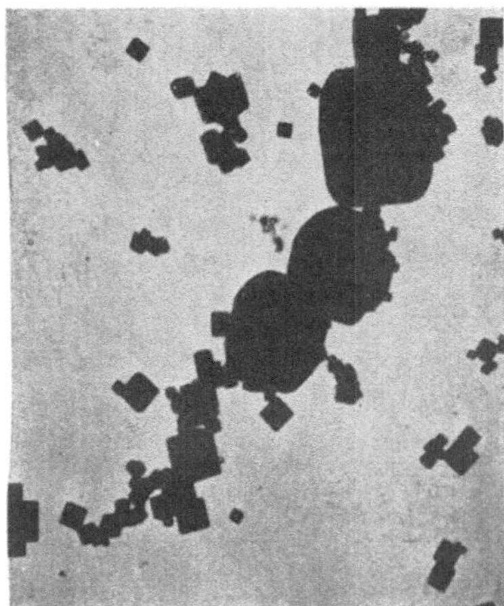
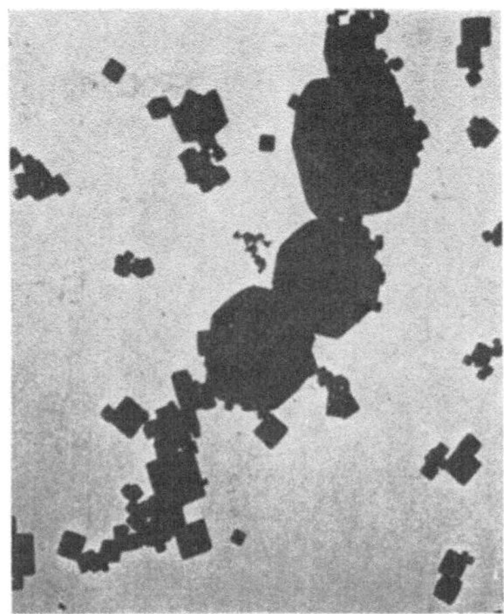

Mahl [108]. Magnesiumoxydwürfel. Elektr. Aufn. Vergr.: 17 000 fach.

Mahl [136]. Mit Salzsäure geätzte Aluminiumoberfläche. Elektr. Aufn. Vergr.: 3000 fach.

Stereoskopische Aufnahmen.

Die stereoskopischen Bilder werden beim Durchstrahlungsmikroskop durch zwei Aufnahmen nacheinander erzielt, bei denen die Objektfolie eine etwas verschiedene Neigung gegenüber der optischen Achse des Mikroskops erhält. Rasterfreie Originalaufnahmen dieser Art vermitteln einen sehr plastischen Eindruck von übermikroskopischen Strukturen.

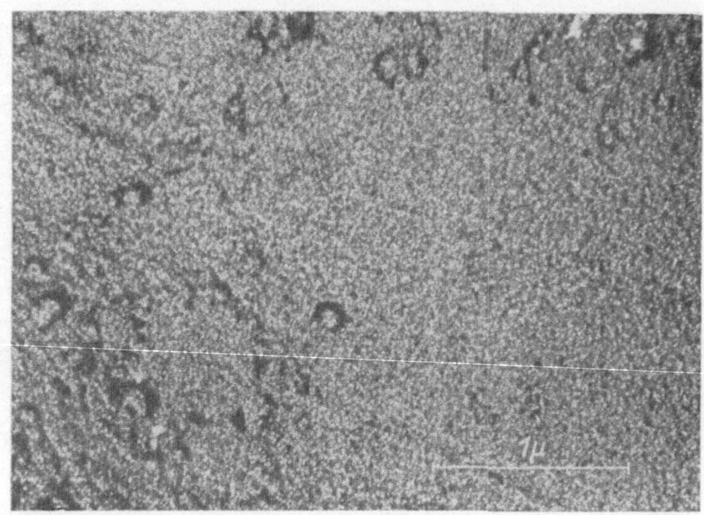

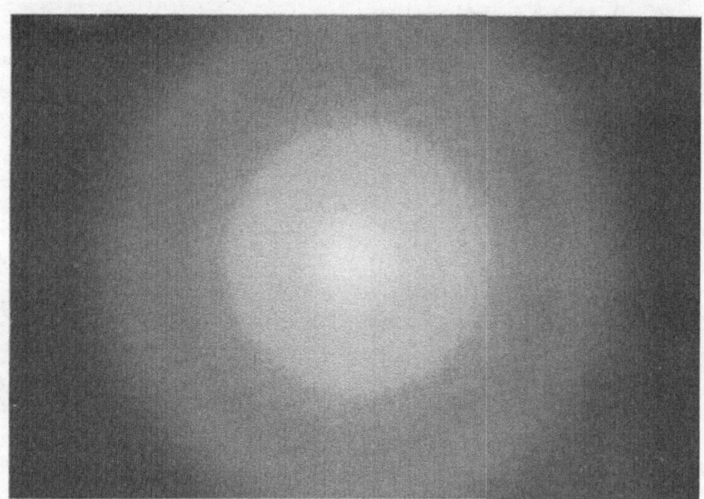

Elektrolytisch erzeugter Aluminiumoxydfilm.

Das Übermikroskop zeigt eine „körnige" Struktur des elektrolytisch erzeugten Oxydfilms, ohne daß erkennbar wird, ob diese Körnigkeit auf kleine Kristallite oder auf Dickenunterschiede (Poren) zurückzuführen ist. Hier ermöglicht die Elektronenbeugungsaufnahme (vgl. S. 67) sogleich eine Entscheidung. Sie zeigt durch die verwaschenen Ringe, daß der elektrolytisch erzeugte Oxydfilm eine „amorphe" Struktur hat, d. h. daß das körnige Aussehen auf Poren zurückzuführen ist.

Mahl [133, —]. Elektr. Aufn. Vergr.: 27 000 fach.

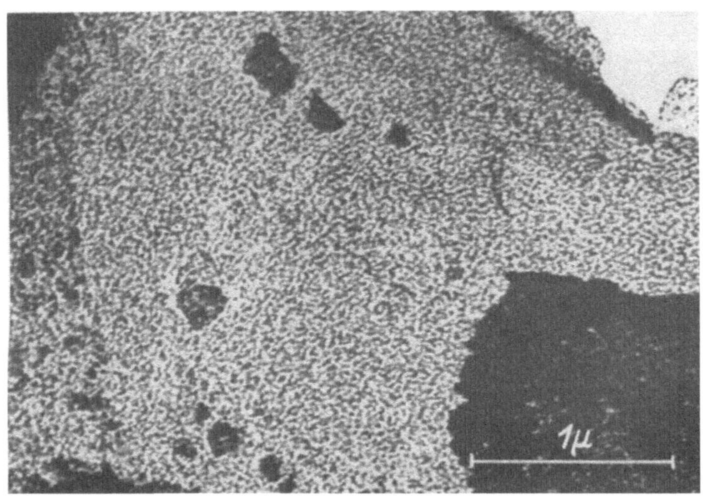

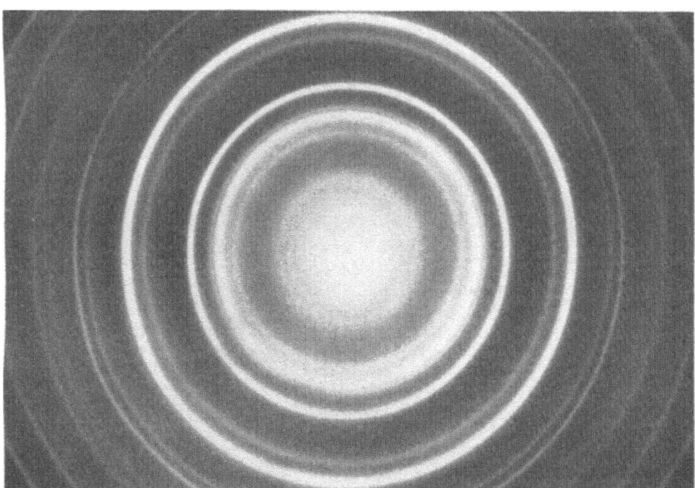

Thermisch erzeugter Aluminiumoxydfilm.

Fast den gleichen Eindruck wie der elektrolytisch erzeugte Film auf der Gegenseite macht der thermisch erzeugte Aluminiumoxydfilm, dessen Bild hier wiedergegeben ist. Die Elektronenbeugungsaufnahme beweist aber durch die scharfen Ringe, daß diese Schicht aus feinen Kristallen aufgebaut ist. Bei allen derartigen Fragen, bei denen das heutige Übermikroskop an der Grenze seiner Leistungsfähigkeit angekommen ist, bildet die Beugungsaufnahme eine wertvolle Ergänzung der Analyse durch Abbildung (vgl. auch S. 60…62, 67).

Mahl [133, —]. Elektr. Aufn. Vergr.: 27 000 fach.

Zerrissener Aluminiumoxyd-Film.

Die sehr dünnen Oxydfilme (Eloxalfilme) auf einer geätzten Aluminiumoberfläche, die sich leicht von der Oberfläche abheben lassen, zeigen im Durchstrahlungsmikroskop ein genaues Bild der Oberflächenstruktur des Metalls. Unser Bild gibt eins der ersten von Mahl erhaltenen Abdruckbilder wieder. Der Film ist zerrissen und liegt teilweise doppelt. Welche Fortschritte bei der Weiterentwicklung in der Technik des Abdruckverfahrens erzielt werden konnten, zeigt besonders instruktiv der Vergleich mit dem Bild S 26.

Mahl [136]. Elektr. Aufn. Vergr.: 4000 fach.

Oxyd- und Lack-Abdruckfilm von geätztem Aluminium.

Oberflächenabdrücke lassen sich nicht nur mit natürlich aufgewachsenen Oxydfilmen herstellen, sie können auch durch künstlich aufgebrachte andersartige, z. B. Lackfilme, erzeugt werden. Dabei ergeben sich je nach der Art der verwendeten Abdruckfilme charakteristische Unterschiede in den Kontrastverhältnissen. Bei dem an allen Stellen gleichmäßig dicken Aluminiumoxydfilm ist die Bildhelligkeit nur von der Neigung der Fläche zum Elektronenstrahl abhängig. Es treten darum nur Helligkeitsunterschiede zwischen verschiedenen geneigten Flächen auf (oberes Bild). Beim Lackabdruck (unteres Bild) erscheinen dagegen ebene Ätzflächen gegen einspringende Kanten zu dunkel, da hier infolge von Kapillarkräften die Lackdicke größer ist.

Mahl. Elektr. Aufn. Vergr.: 6000 fach.

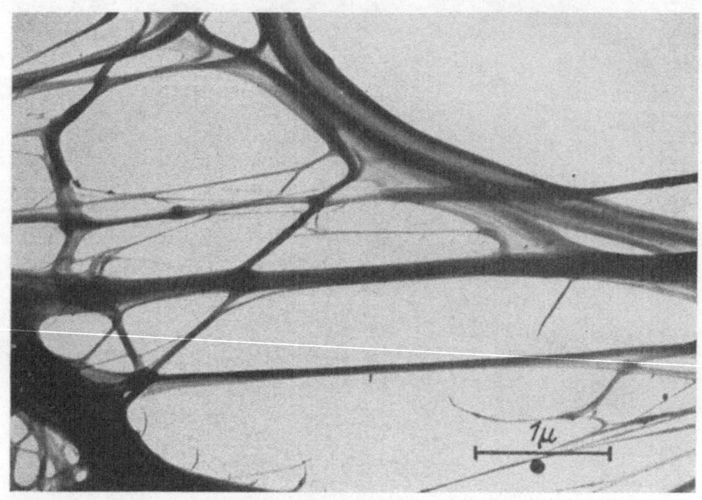

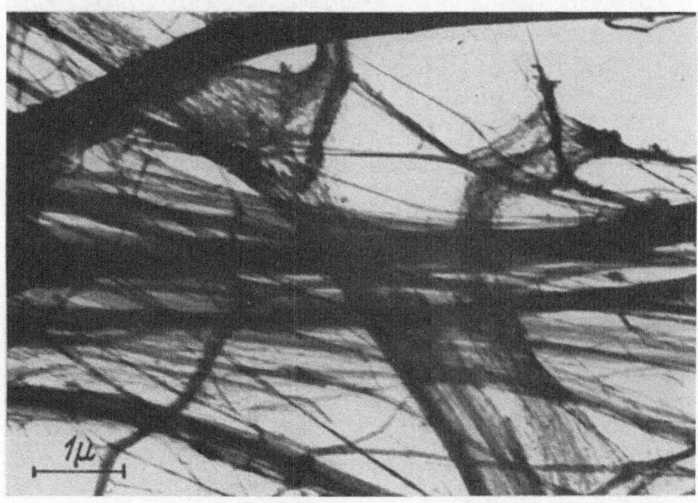

Präparation von Zellulosefasern.

Für die übermikroskopische Abbildung von undurchstrahlten Objekten muß das Objekt in geeigneter Weise präpariert werden. Bei der Untersuchung von Zellulosefasern hat sich sowohl eine Zermahlung im Mörser oder in der Kugelmühle (oberes Bild) als auch eine Quellung mit nachfolgender Quetschung bewährt (unteres Bild), worüber man S. 104 vergleiche.

Mahl [136].	Elektr. Aufn.	Vergr.: 19 000 fach.
Kinder u. Kuhn.	Magn. Aufn.	Vergr.: 12 000 fach.

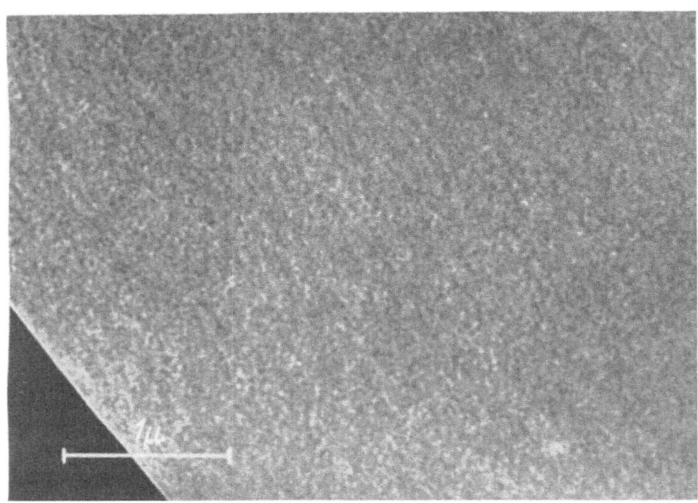

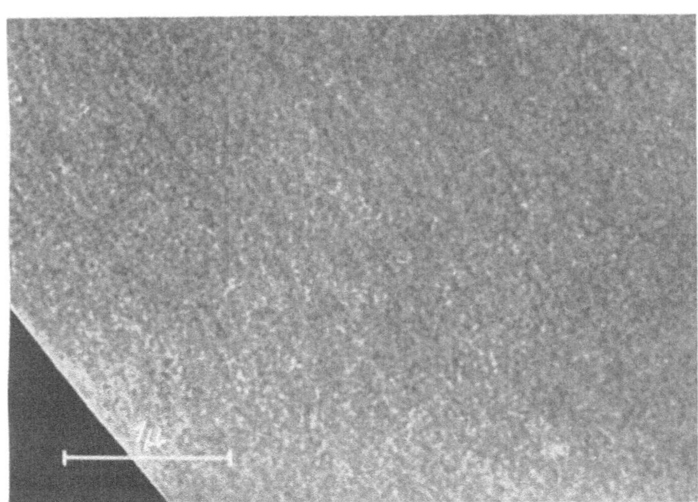

Präparation von Graphit und Kunststoffen.

Bei festen Körpern wird man zunächst versuchen, durch Zerteilungsmethoden genügend dünne Objektbruchstücke zu erhalten. So ergibt z. B. Graphit (oberes Bild) beim Zerstoßen im Mörser dünne durchstrahlbare Plättchen. Eine andere Möglichkeit ist das Aufblähen einer geschmolzenen Substanz zu sehr feinen Häuten, wie es bei manchen hochpolymeren Kunststoffen, z. B. Lupamid (unteres Bild), gelingt.

Mahl. Elektr. Aufn. Vergr.: 18 000 fach.
Mahl u. Nümann. Elektr. Aufn. Vergr.: 23 000 fach.

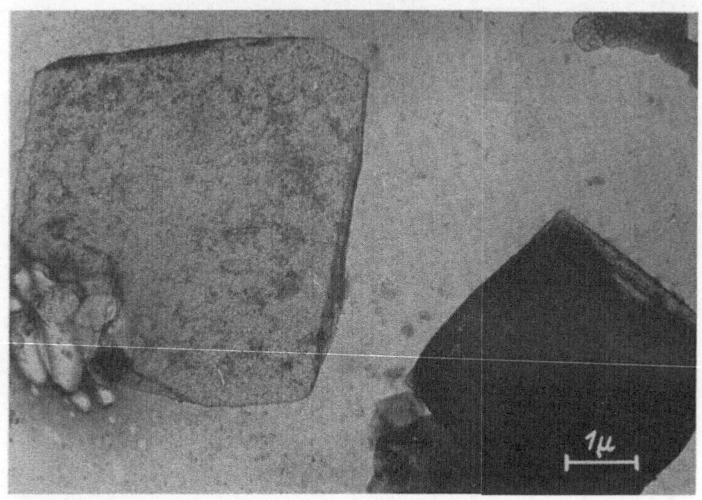

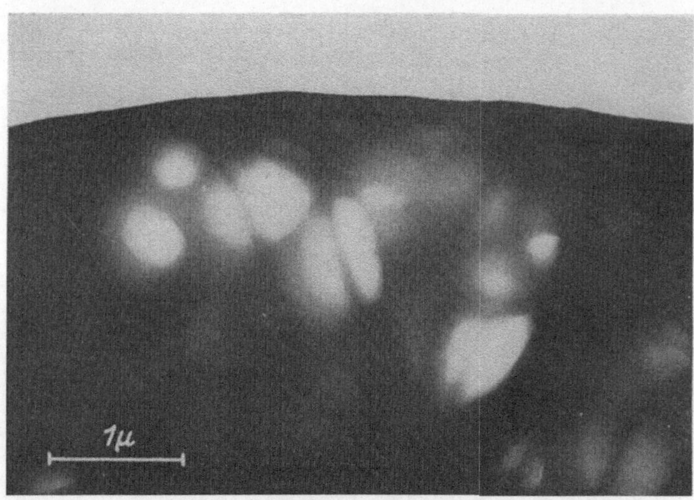

Strukturveränderung bei Salz und Zellulose.

Die Bilder zeigen zwei Beispiele für die Schädigung empfindlicher Objekte durch zu starke Elektronenbestrahlung. Das obere Bild läßt links einen durchscheinenden Kochsalzkristall erkennen, der bei Beginn der Beobachtung wie der Kristall rechts undurchlässig war, dann aber allmählich durchsichtig wurde. Das untere Bild zeigt ein Hohlraumsystem in einer Kunstseidefaser, das man als Struktureigentümlichkeit zu deuten geneigt ist, das aber in Wirklichkeit (s. Gegenseite) auf Elektronenschädigung zurückzuführen ist.

Kinder [141]. Magnet. Aufn. Vergr.: 10 000 fach.
Mahl [142]. Elektr. Aufn. Vergr.: 19 000 fach.

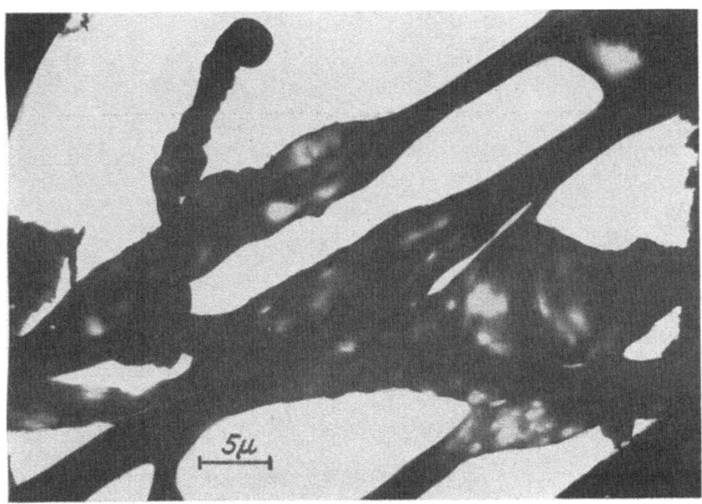

Aufblähungen von Zellulosefasern.

Beobachtet man Kunstseidefasern im Übermikroskop bei kleiner Bestrahlungsintensität, so erhält man das Konturenbild der Fasern (oberes Bild). Bei stärkerer Bestrahlung beobachtet man dann die Aufblähung und das Verschmelzen der Fasern (unteres Bild). — Diese Beobachtungen lassen sehr deutlich erkennen, mit welcher Vorsicht übermikroskopische Beobachtungen vorgenommen werden müssen und wie leicht beim Übersehen von Elektronenschädigungen falsche morphologische Schlüsse gezogen werden können.

Mahl [142]. Elektr. Aufn. Vergr.: 2000 fach.

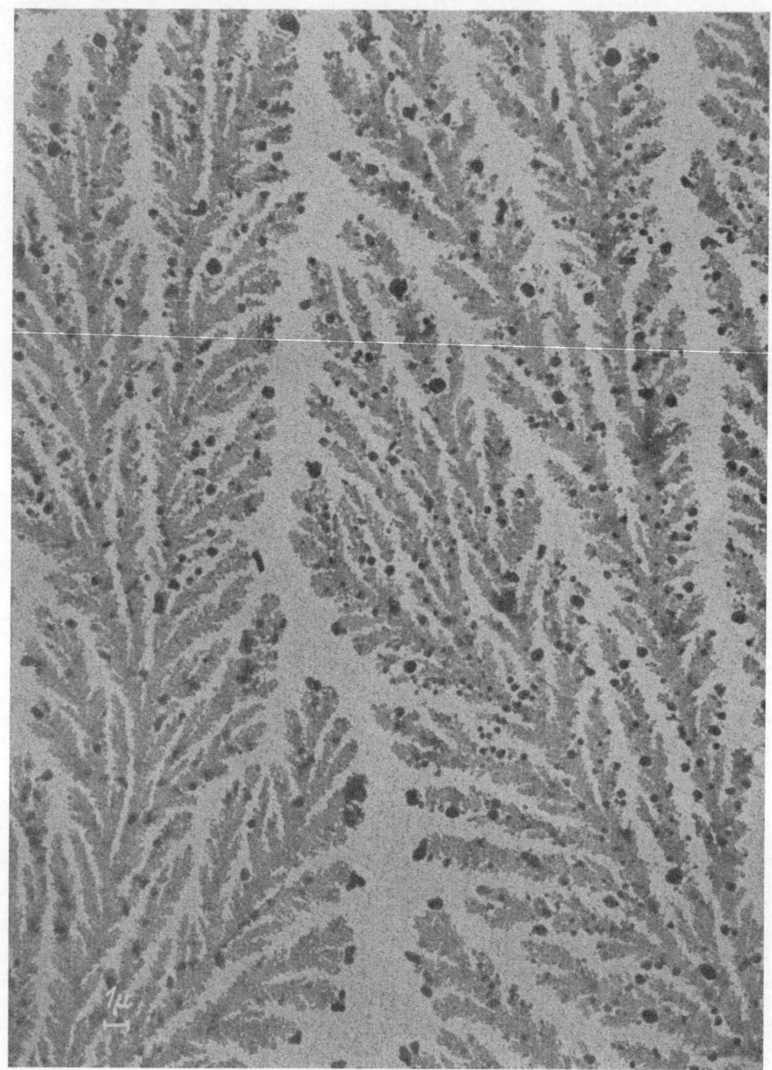

Unreines Präparat.

Da man beim Übermikroskop heute noch in weitgehend unbekannten Gebieten arbeitet, ist bei der Deutung der Aufnahmen größte Vorsicht geboten. Unser Bild zeigt ein Beispiel dafür, wie Verunreinigungen den eigentlichen Effekt vollständig zu überdecken vermögen. Das Präparat war von einer Viruskultur auf der Haut eines Hühnereis gewonnen. Beim Eintrocknen des Eiweißes ergaben sich die farnkrautähnlichen Verästelungen, wie sie das Bild zeigt.

Gölz u. Volmer. Elektr. Aufn. Vergr.: 4000 fach.

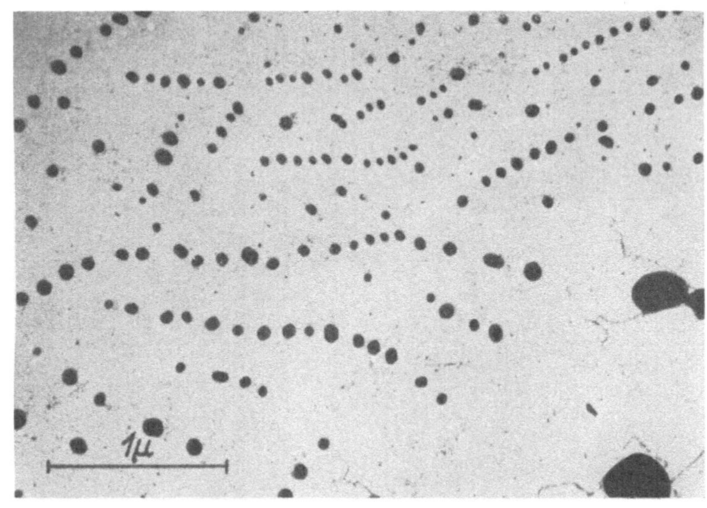

Eiweiß und Gips.

Gelegentlich trocknen Flüssigkeiten auch in Tropfenform ein und ordnen sich in Reihen (oberes Bild). — An kristallinen Lamellen (unteres Bild) zeigen sich manchmal eigenartige Strukturen, die an Newtonsche Ringe erinnern. Ihre Natur ist nicht geklärt.

Gölz u. Volmer.	Magn. Aufn.	Vergr.: 24 000 fach.
Kinder [141].	Elektr. Aufn.	Vergr.: 14 000 fach.

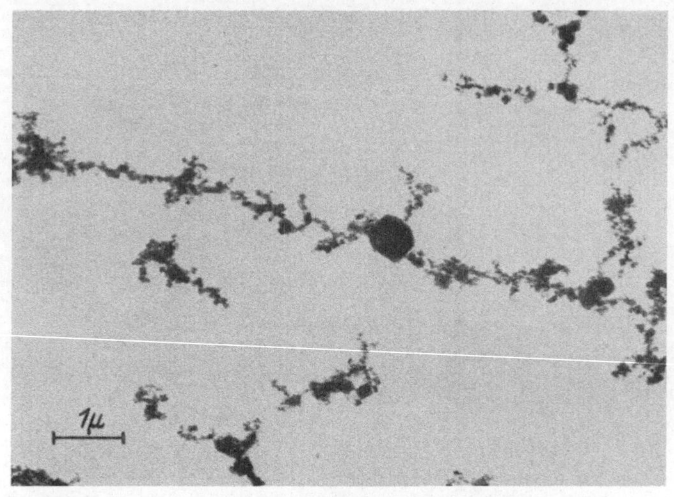

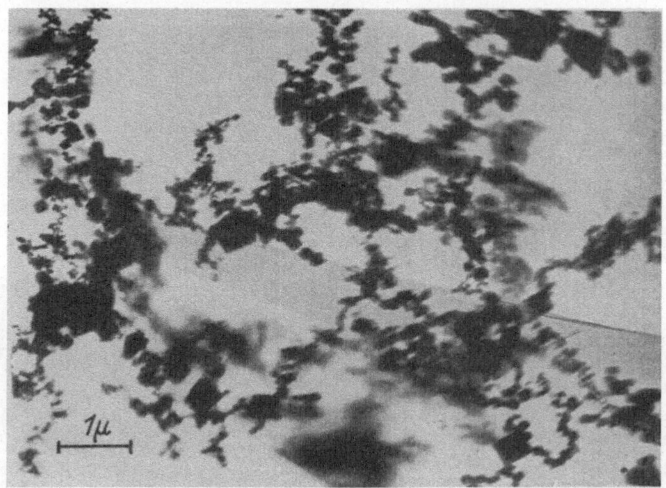

Magnesiumoxyd-Rauch im elektrischen Feld.

Die Feldwirkungen bei den beiden Bildern von Magnesiumoxyd-Rauch, der sich aus verbrennendem Magnesium auf dem Zaponträger niederschlug, sind ganz verschiedenartig: Bei der oberen Aufnahme war der Träger auf mehrere tausend Volt gegenüber der Flamme aufgeladen, so daß die Kriställchen im elektrischen Feld polarisiert wurden und sich in Ketten in Richtung der Kraftlinien niederschlugen. Die untere Aufnahme zeigt eine Flocke, die sich auf dem Träger ungestört aus dem Luftraum abgesetzt hatte. Das lockere Gebilde beginnt bei stärkeren Strahlströmen unter der Wirkung der Aufladung an freischwebenden Bezirken zu schwingen, was sich an einer Unschärfe zeigt.

Kinder. Magnet. Aufn. Vergr.: 10 000 fach.

VI. Übermikroskopische Bilder aus der unbelebten Natur.

In der ersten Monographie des Gebietes der geometrischen Elektronenoptik [26] stellten Brüche und Scherzer für die Situation von 1931/32 fest, daß ein Hauptimpuls für den Ausbau der geometrischen Elektronenoptik *„die ferne Hoffnung auf die Überschreitung der Auflösungsgrenze des Mikroskops“* gewesen sei. Von der Situation von 1934 sagten sie: *„Heute stehen wir am Anfang der Entwicklung des Übermikroskops“.*

Nun ist längst dank der Arbeiten von v. Ardenne, Boersch, Krause, Mahl und E. Ruska das elektrische und magnetische Übermikroskop als Durchstrahlungsmikroskop in verschiedenen Formen verwirklicht. Verschiedene Übermikroskope haben bereits technische Form angenommen, und es liegt heute dank der ausgedehnten Arbeiten, die außer den genannten Autoren in den letzten Jahren besonders Beischer, v. Borries, Gölz, Jakob, Kausche, Kinder, Piekarski, H. Ruska und Wolpers durchführten, schon ein so großes Material an Aufnahmen aus der belebten und unbelebten Natur vor, daß es schwierig ist, eine für den Überblick richtige Auswahl zu treffen. Aus der unbelebten Natur, die uns in diesem Kapitel vorwiegend beschäftigen soll, sind Stoffe in feinster Verteilung ebenso wie — über das Abdruckverfahren von Mahl — Oberflächen zur Abbildung gekommen. Bei den feinverteilten Stoffen ist in den Gebieten: Kolloidchemie, Korrosionsforschung, Gummitechnik, Kathodenforschung, Faserchemie, Physik der Aufdampfschichten usw. der Forschung Hilfe geleistet worden. Bei der Oberflächenabbildung liegen heute bereits Ergebnisse über Aluminium und Aluminiumlegierungen, Kupfer, Messing und Nickel, ebenso aber auch über Oberflächen von wasserlöslichen Salzkristallen, vor. Hier sind neue Aussagen gewonnen bzw. vorbereitet über metallurgische Probleme wie Oberflächenstrukturen, Ätzangriffe, Ausscheidungen, Oberflächenfilme und über Bearbeitungsverfahren. Von allen diesen Aufgaben sollen die folgenden Seiten berichten, die eine kleine Auswahl übermikroskopischer Bilder aus der unbelebten Natur zeigen.

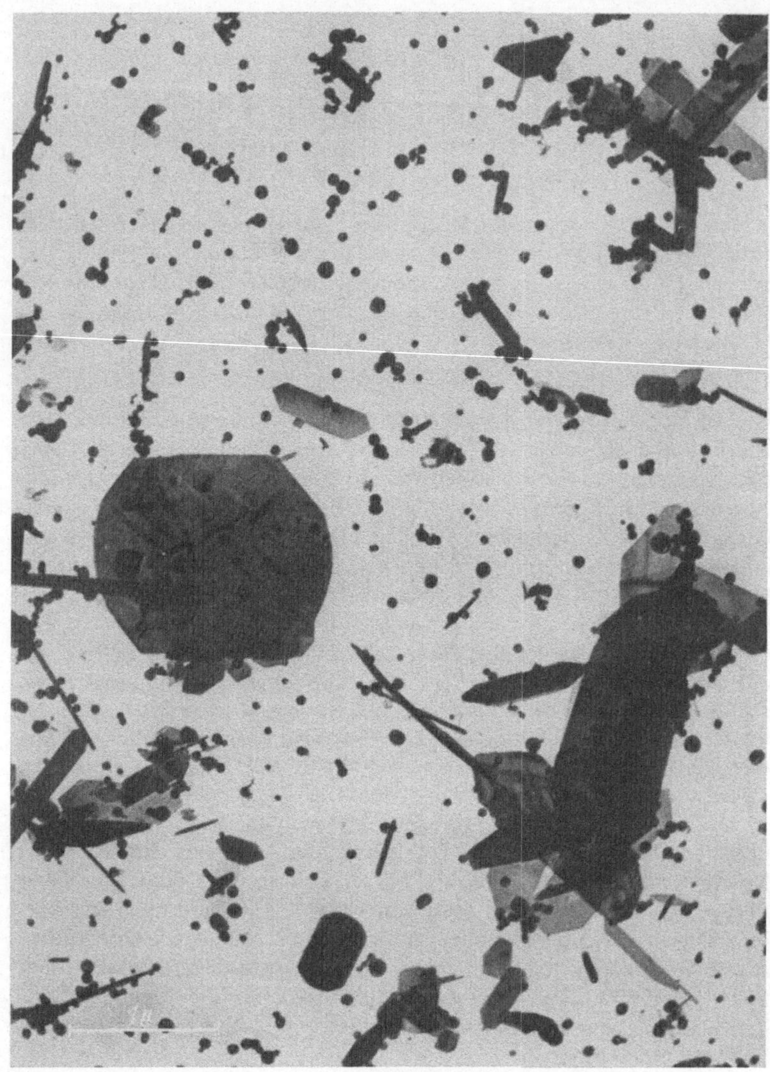

Teilchen aus dem Molybdänlichtbogen in Luft.

Zwischen Molybdänelektroden wurde in Luft ein Lichtbogen erzeugt. Der entstehende Rauch wurde auf dem Zapon-Objektträger niedergeschlagen. Das übermikroskopische Bild zeigt, daß der Rauch aus kleinen undurchsichtigen (vermutlich metallisches Molybdän) und durchsichtigen Plättchen (vermutlich Molybdänoxyd) besteht.

Kinder [136]. Magnet. Aufn. Vergr.: 20 000 fach.

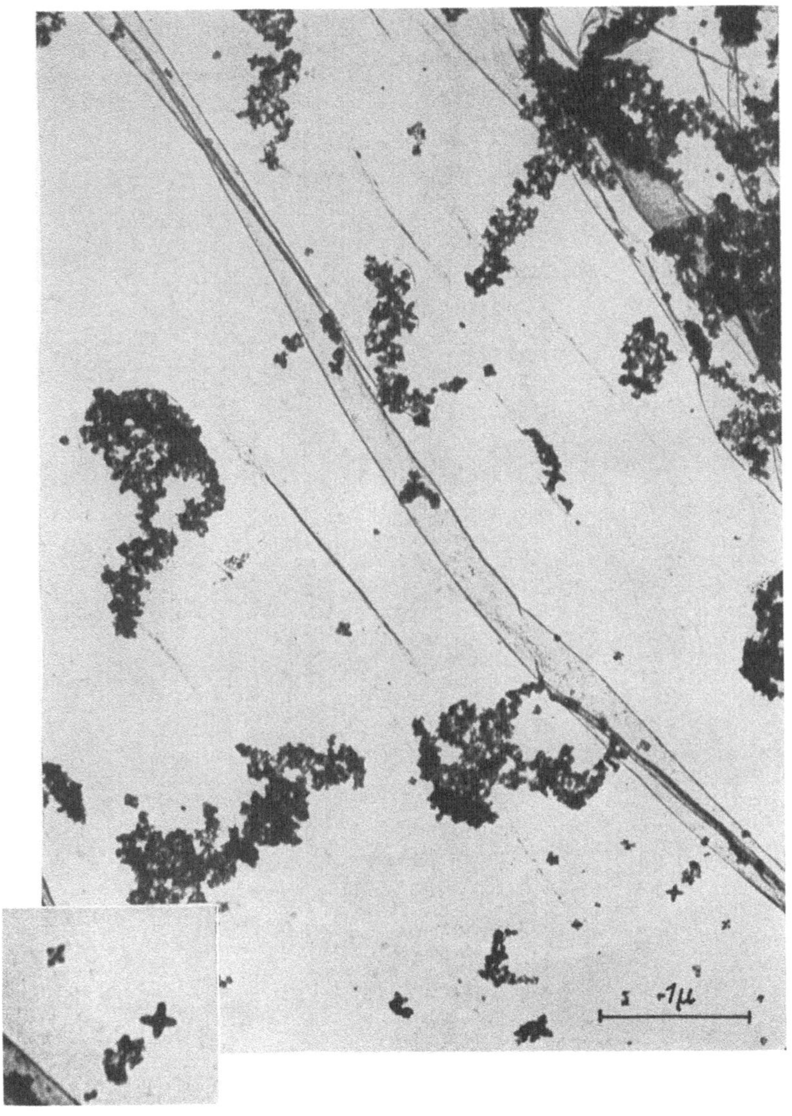

Bei dieser Aufnahme wurde der Lichtbogen mit Molybdänelektroden unter Wasser erzeugt. Im Gegensatz zu den Partikeln, die sich beim Brennen des Bogens in Luft bilden (s. Gegenseite) scheint der Schlamm aus Kriställchen zu bestehen. Bei hoher Vergrößerung (Bildeinschnitt links) erkennt man deutlich vierstrahlige Sterne.

Kinder [141]. Magnet. Aufn. Vergr.: 20 000 bzw. 40 000 fach.

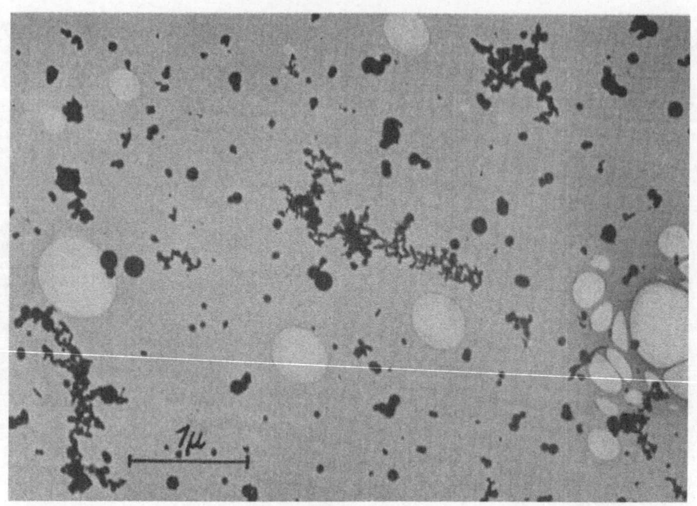

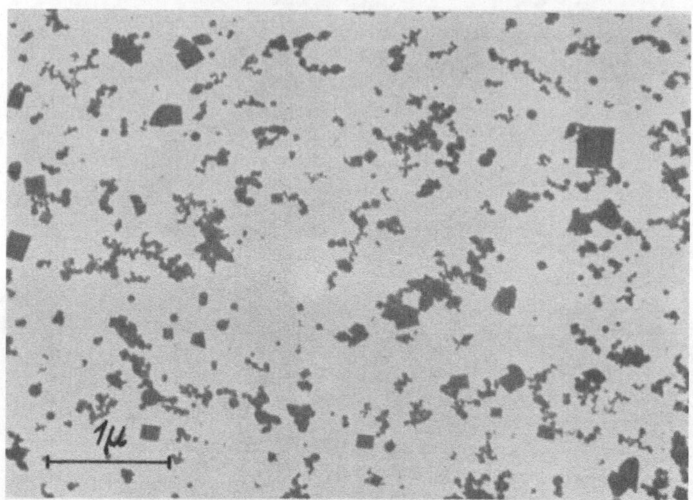

Lichtbogenrauch von Blei und Wolfram.

Zwischen Elektroden aus Blei bzw. Elektroden aus Wolfram wurden Lichtbogen erzeugt. Der entstehende Rauch schlug sich auf einer über den Bogen gehaltenen Trägerfolie nieder. Die übermikroskopischen Bilder zeigen bei Blei (oberes Bild) mehr runde Partikel, vermutlich geschmolzenes und als Kügelchen erstarrtes Metall, bei Wolfram (unteres Bild) vorzugsweise würfelförmige Kristalle. Diese Kriställchen werden im Gegensatz zu den Magnesiumoxydkristallen (vgl. S. 101) wegen des hohen Atomgewichtes des Wolframs nicht durchstrahlt.

Kinder. Magnet. Aufn. Vergr.: 16 000 fach.

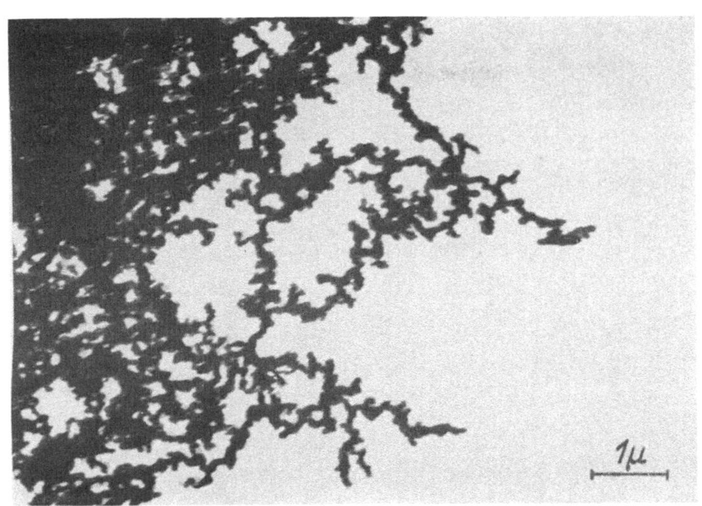

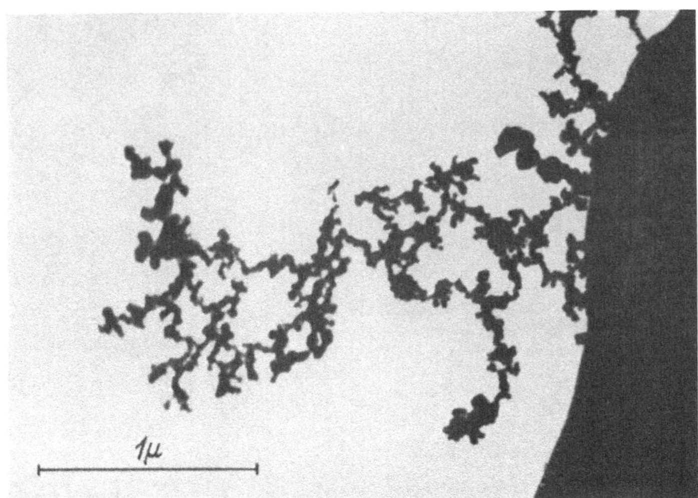

Lichtbogenrauch von Eisen und Zinn.

Nachdem auf der Gegenseite die aus dem Rauch von Blei und Wolfram niedergeschlagenen Teilchen, auf S. 96 solche von Molybdän und auf S. 73 bzw. S. 101 solche von Magnesium gezeigt werden, sind hier noch Bilder von Eisen (oberes Bild) und Zinn (unteres Bild) wiedergegeben. Diese beiden Präparate wurden ohne Mitwirkung einer Trägerfolie so gewonnen, daß man die Rauchteilchen sich am Rand der Objektträgerbohrung niedersetzen und aneinander anbauen ließ. Bemerkenswert sind die sich dabei bildenden freitragenden Ketten, die nach unseren Bildern bei Zinn aus besonders kleinen Teilchen zusammengesetzt sind.

Mahl [119]. Elektr. Aufn. Vergr.: 10 000- bzw. 30 000 fach.

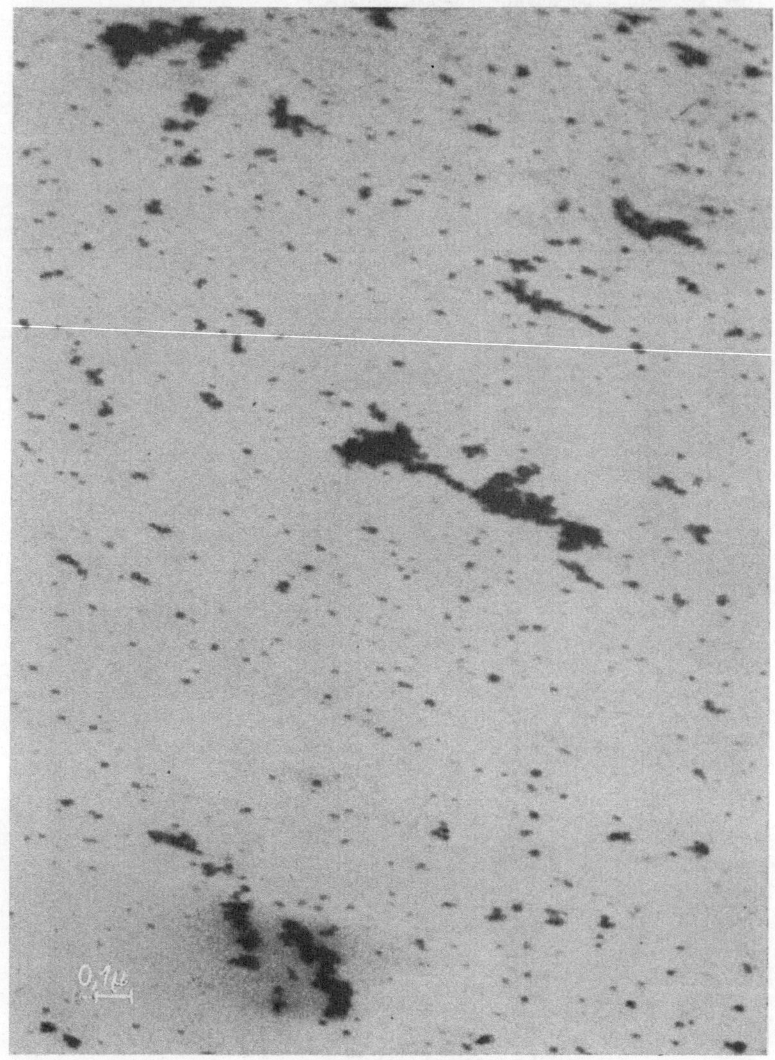

Kolloidales Silber.

Kolloide sind Stoffe in sehr feiner Verteilung. Während die vorstehenden Seiten solche Kolloide zeigen, die durch Verbrennen von Metallen bei hohen Temperaturen im Laboratorium hergestellt wurden, zeigt unsere Aufnahme ein im Handel befindliches Kolloid. Die Aufnahme, die höher vergrößert ist als die vorhergehenden, läßt die Feinheit dieses z. B. in der Medizin verwendeten kolloidalen Silbers erkennen.

Kinder [136]. Magnet. Aufn. Vergr.: 50 000 fach.

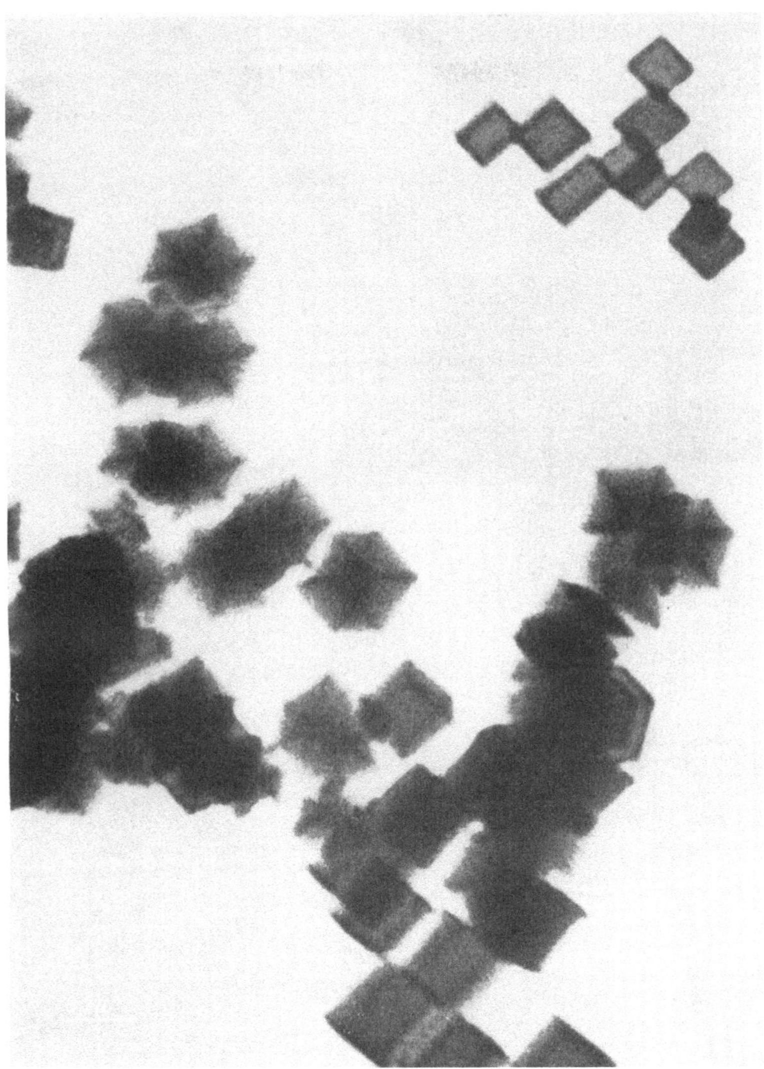

Durchscheinende Kristalle aus Magnesiumoxyd.

Dieses am höchsten vergrößerte Bild unseres Heftes gibt Magnesiumoxyd-Kriställchen wieder, die sich durch Verbrennen von Magnesium (Blitzlichtband) bildeten. Sie sind mit ihrer Kantenlänge unter 100 mμ um das Vielfache größer als die Teilchen auf dem Bild der Gegenseite. Bemerkenswert ist an obenstehender Aufnahme, daß die Würfel sich gruppenweise gleichartig gelagert haben und daß ihre räumliche Gestalt infolge der Verwendung *von Elektronen hoher Energie* zur Durchstrahlung (84 ekV) deutlich erkennbar ist.

Kinder [134]. Magnet. Aufn. Vergr.: 100 000 fach.

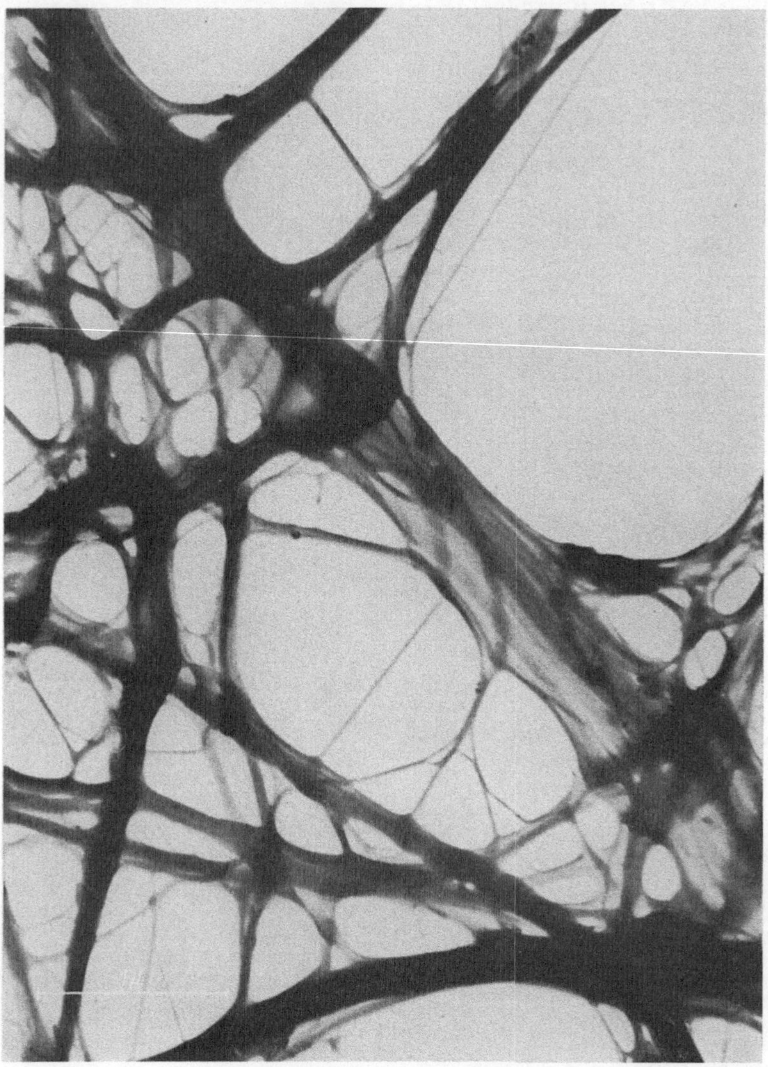

Fibrillen von Hadernpapier.

In der Faserstoffchemie spielen die „Fibrillen" eine sehr wichtige Rolle. Es sind das langgestreckte Molekelketten, aus denen die Fasern zusammengesetzt sind. Das Präparat des obigen Bildes war durch langes Mahlen von Hadernpapier, das z. B. aus Baumwoll-Lumpen hergestellt wird, erhalten worden. Die elastischen Fibrillen zeigt das Übermikroskop als bandartige Gebilde, die verklebt zu sein scheinen.

Mahl [136]. Elektr. Aufn. Vergr.: 26 000 fach.

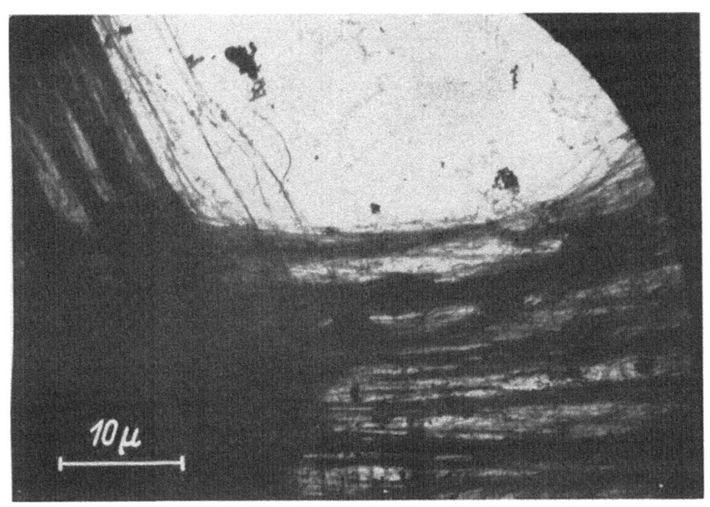

Natürliche und künstliche Zellulosefasern.

Natürliche Zellulosefasern, wie z. B. Ramiefasern aus Chinagras (oberes Bild), sind aus sehr feinen, parallel nebeneinanderliegenden Zellulosesträngen, den sogenannten Fibrillen, aufgebaut. Zur Herstellung künstlicher Zellulosefasern wird Zelluloselösung durch sehr feine Düsen gepreßt und in dem sich bildenden Faden durch ein anschließendes Bad die Zellulose ausgefällt. Solche Fasern, wie z. B. Phrix-Zellwolle (unteres Bild) zeigen im Übermikroskop meist undurchstrahlbare, wesentlich dickere Fäden. (Man beachte die niedrige Vergrößerung bei den Bildern.)

Gölz und Kuhn. Elektr. Aufn. Vergr.: 1600 fach.

Naturzellstoff und Naturseide.

Die beiden Bilder zeigen natürlichen Zellstoff aus Natronpapier (oberes Bild) im Gegensatz zu tierischem Eiweiß (unteres Bild). Das Naturseidepräparat wurde ebenso wie die Präparate zu S. 103 durch Quellung des Materials in Kupferoxydammoniak und nachträgliches Breitpressen der Faser gewonnen. Auch bei der Seide sind fibrillenartige Gebilde zu erkennen, die jedoch gröber sind als bei dem Papierzellstoff (oberes Bild und Bild S. 102).

Mahl [131]. Vergr.: 40 000 fach.
Kinder und Kuhn. Vergr.: 12 000 fach.

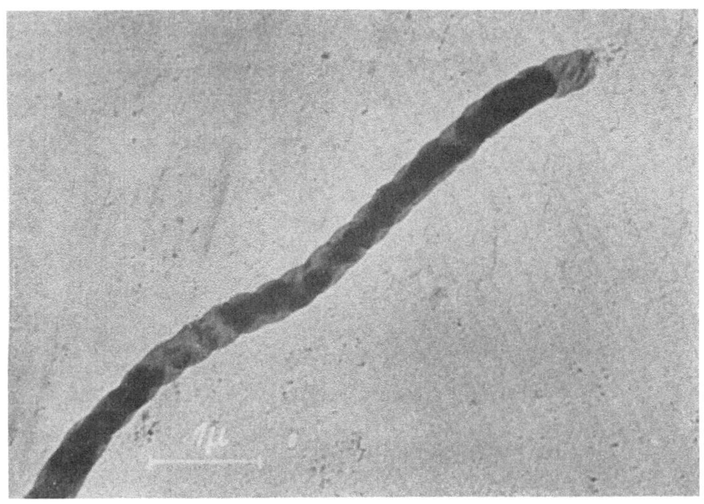

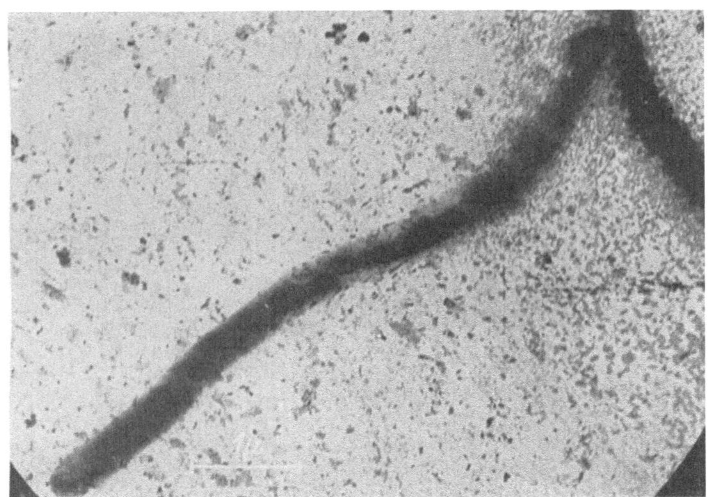

Fibrillenbündel von Holz.

Die Bilder erläutern ein Einzelproblem aus der Zellstofforschung. Die fädigen Bauelemente des Holzes (Fibrillenbündel) wurden durch Mahlen aus der Zellwand herausgelöst. Das im oberen Bild wiedergegebene Fibrillenbündel ist noch von einer Haut umschlossen, während bei dem unten wiedergegebenen Bündel bei fortschreitendem Mahlprozeß eine Auflösung der Haut und ein Heraustreten einzelner Grundfibrillen aus der Packung deutlich erkennbar ist.

Gölz und Wergin. Elektr. Aufn. Vergr.: 12 000 fach.

Rost-Partikel.

Zur Rostbildung wurde ein Stückchen Eisen in Wasser gelegt. Das Übermikroskop zeigt, daß die sich bildenden gelbbraunen Flocken (Ferrihydroxyd) aus dünnen durchsichtigen Plättchen, besonders aber aus ausgeprägten Kristallnadeln bestehen, wie es die beiden Bilder erkennen lassen. Im Gegensatz dazu zeigen Aufnahmen von chemisch gefälltem Ferrihydroxyd keine Kristalle, sondern kolloidale Teilchen.

Mahl [119]. **Elektr. Aufn. Vergr.: 12 000 bzw. 22 000 fach.**

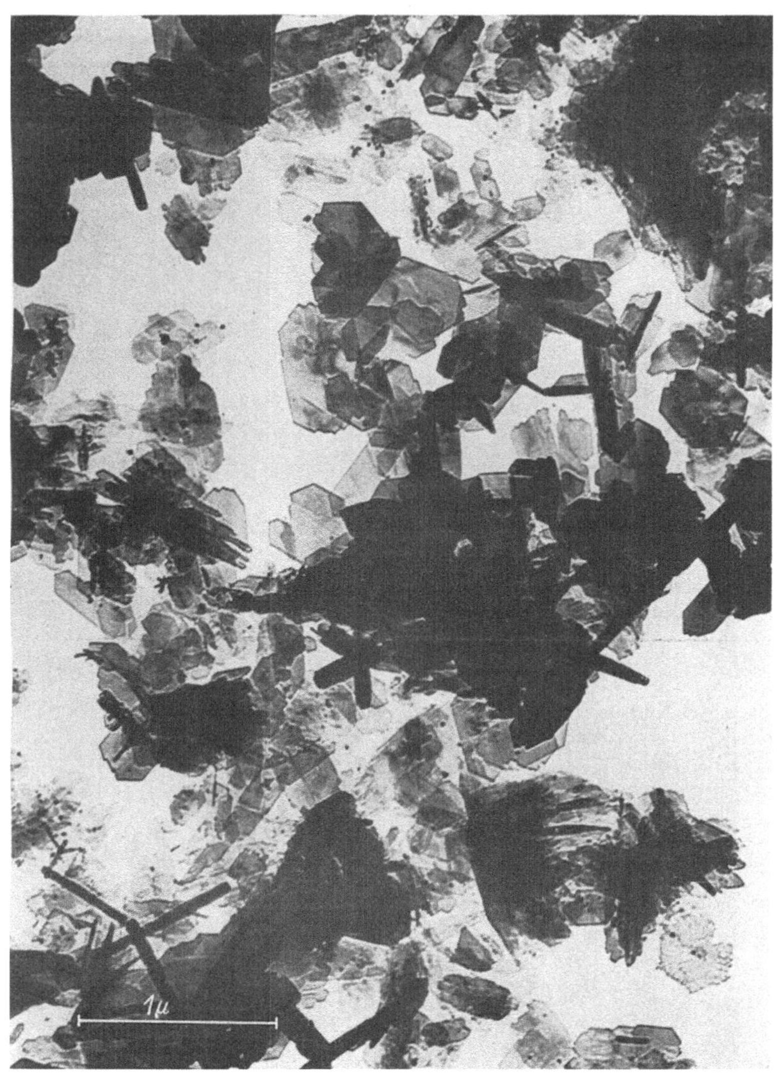

Rost-Kristallplättchen.

Während bei „jungem" Rost (s. Gegenseite) die durchsichtigen Kristallplättchen eine unregelmäßige, meist gezahnte Begrenzung aufweisen, haben sich bei dem „alten" Rost auf obigem Bild, der monatelang in Wasser lag, regelmäßige sechseckige Kristallplättchen entwickelt.

Mahl [136]. Elektr. Aufn. Vergr.: 27 000 fach.

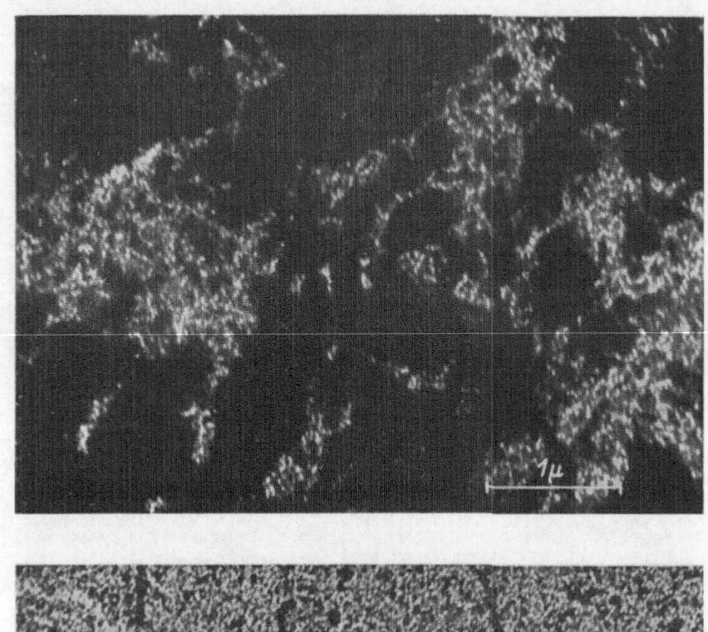

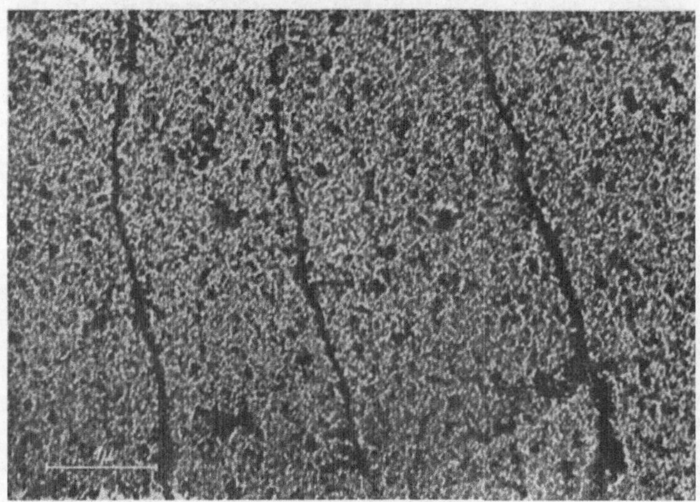

Oberflächenfilm auf Eisen.

Die Oxydfilme, die sich auf Metallen bilden, verhindern je nach ihrer Beschaffenheit mehr oder weniger die weitere Oxydierung. Im Gegensatz zu Aluminium (s. Gegenseite) sind die Oxydfilme auf Eisen beim Anlassen (oberes Bild) und bei Passivierung in konzentrierter Kaliumchromatlösung (unteres Bild) ungleichmäßig und porös (z. B. etwa 10^9 Poren/mm^2 bei angelassenem Eisen). So lehrt das Übermikroskop mit seinen Aussagen die Korrosionsbeständigkeit des Aluminiums und die Rostneigung des Eisens verstehen.
Mahl [119, 133]. Elektr. Aufn. Vergr.: 18000 bzw. 15000 fach.

Oberflächenfilm auf Aluminium.

Der auf dem Aluminium (hier geätztes Reinstaluminium) durch elektrolytische Oxydation gebildete Oxydfilm ist im Gegensatz zu den Oberflächenfilmen des Eisens (s. Gegenseite) praktisch porenfrei. Er bietet darum einen ausgezeichneten Schutz gegen Korrosion.
Mahl [136]. Elektr. Aufn. Vergr.: 25 000 fach.

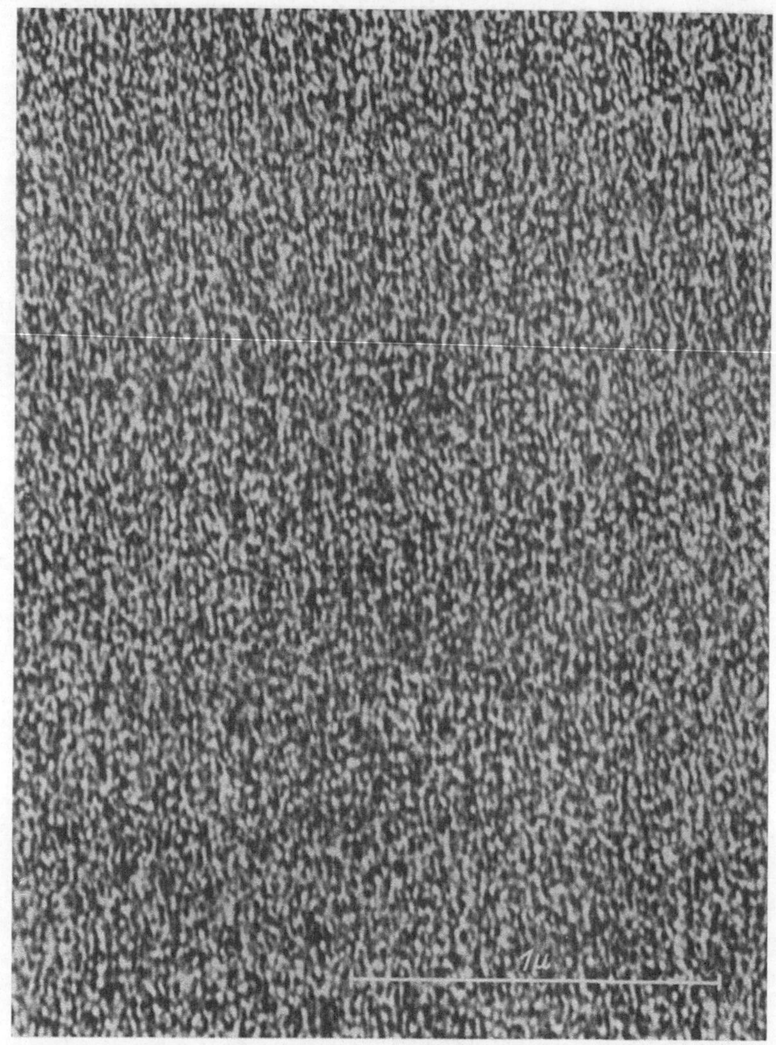

Silber-Aufdampfschicht.

Schichten von aufgedampftem Metall erscheinen im Lichtmikroskop im allgemeinen völlig strukturlos. Durch Elektronenbeugungs-Aufnahmen kann man nachweisen (vgl. S. 85), daß solche Metall-Aufdampfschichten aus kleinsten Kriställchen zusammengesetzt sind. Das Übermikroskop bestätigt diese Aussage und erlaubt ihren Abstand zu etwa 20 mµ und damit die Anzahl zu mehr als 10^{11} Körner je Quadratzentimeter abzuschätzen. Denkt man sich diesen Quadratzentimeter auf eine Fläche von 1000 qm vergrößert, so würde ein Kriställchen etwa die Größe eines millimetergroßen Körnchens haben.

Mahl [102]. Elektr. Aufn. Vergr.: 50 000 fach.

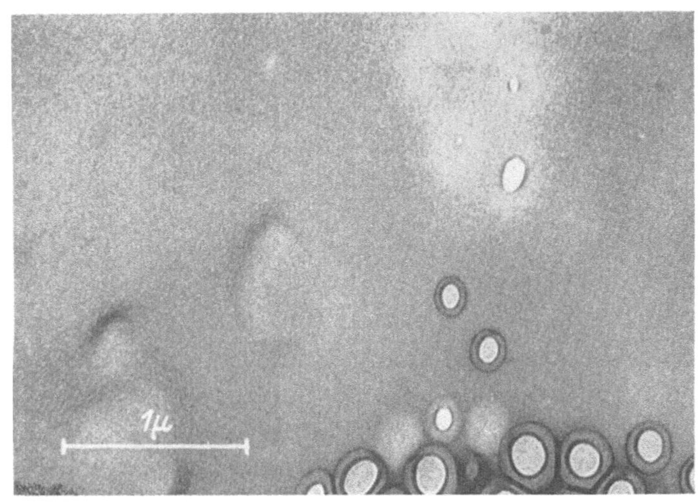

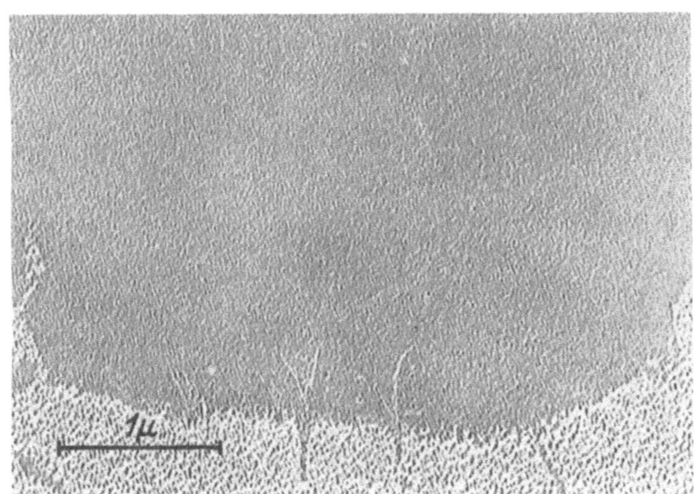

Eisen- und Indium-Aufdampfschicht.

Die Bilder dieser Seite zeigen zwei Aufdampfschichten, deren eine (oberes Bild) besonders feinkörnig ist. Es handelt sich um Eisen, das ebenso wie die untere Indiumschicht und die Silberschicht der Gegenseite im Hochvakuum auf einen Zapon-Objektträger aufgedampft worden war.

Kinder	Magnet. Aufn.	Vergr.: 25 000 fach.
Mahl u. Herbeck.	Elektr. Aufn.	Vergr.: 22 000 fach.

Kochsalzspaltfläche.

Die Oberflächenabbildung von gespaltenem Kochsalz wurde nach dem Abdruckverfahren (*vgl. S. 86*) *mit Hilfe* einer Chromaufdampfschicht hergestellt. Die regellos verstreut liegenden Stäbchen, welche durch die schräge Bedampfung sehr plastisch hervortreten, sind vermutlich Kristallbruchstücke, die beim Aufspalten des Kochsalzkristalls entstanden sind. Dagegen gehören die Unebenheiten, die an Ätzfiguren erinnern, zweifellos der Oberfläche selbst an. Diese Unebenheiten, deren Begrenzungskanten in zwei zueinander senkrechten Richtungen orientiert sind, sind vermutlich echte Bruchfiguren. Das übermikroskopische Bild zeigt also demnach, daß der Bruch ebenso wie im makroskopischen Gebiet auch im submikroskopischen Gebiet vorwiegend entlang der Würfelflächen erfolgt.

Mahl. Elektr. Aufn. Vergr.: 5000 fach.

Kochsalz-Ätzfläche.

Der kubische Kochsalzkristall wurde in einer Oktaederfläche geschnitten, geschliffen und mit Wasser angeätzt. Die Ätzfiguren sind — vermutlich wegen der kräftigen Ätzwirkung des Wassers — nicht regelmäßig begrenzt. Trotzdem glaubt man dreieckige Grundformen zu erkennen, wie sie bei Ätzfiguren der Oktaederfläche zu erwarten sind.

Mahl. Elektr. Aufn. Vergr.: 5000 fach.

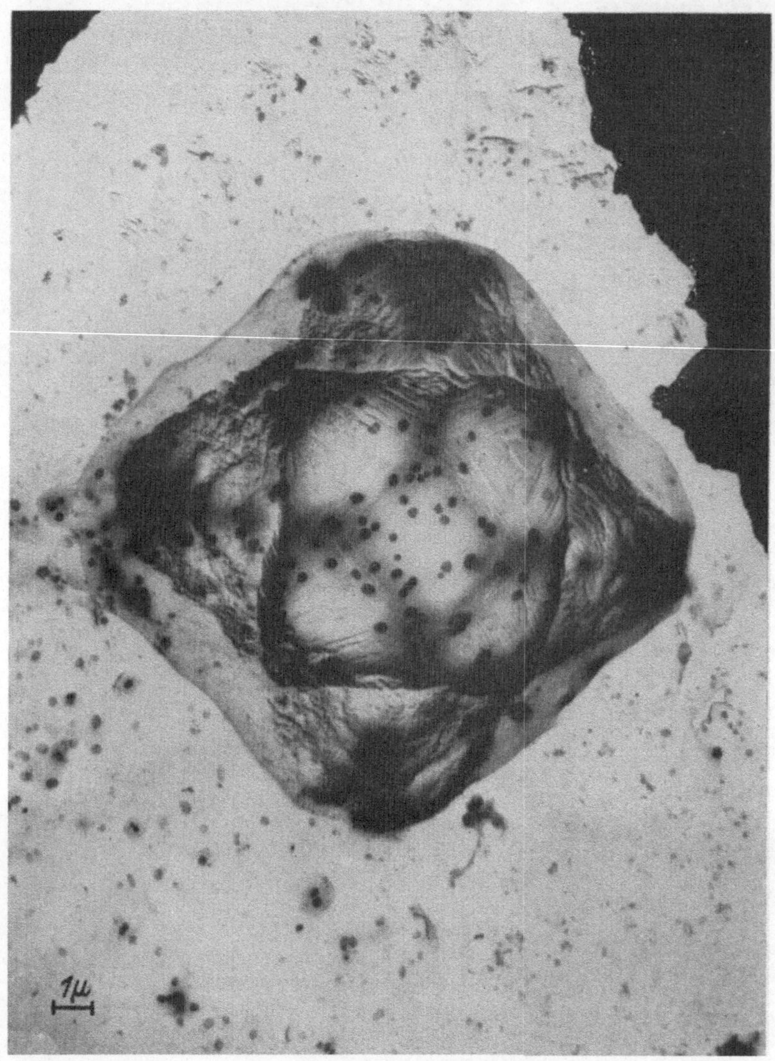

Ätzgrube bei Reinstaluminium.

Bei Reinstaluminium werden außer den Würfel- auch andere Kristallflächen bei der Ätzung mit einem Salzsäure-Flußsäuregemisch freigelegt. Gelegentlich entstehen, wie es das Bild zeigt, Ätzgruben, deren Form an Rhombendodekaeder erinnert. Sie zeigen eine Vielzahl von verschieden gelagerten Ätzfazetten und erinnern an das Aussehen von angeätzten makroskopischen Kugeln, die aus einem großen Metalleinkristall gedreht sind. Mahl [146]. Elektr. Aufn. Vergr.: 6000 fach.

Ätzwürfel bei technischem Aluminium.

Das Bild zeigt einen besonders gut ausgebildeten Ätzwürfel, der sich bei elektrolytischer Ätzung von technischem Aluminium bildete. Aus der Rauhigkeit der einzelnen Flächen ersieht man, daß der Materialabbau über größere Bereiche nicht genau längs der Würfelebenen des Kristalls erfolgt.

Mahl [146]. Elektr. Aufn. Vergr.: 27 000 fach.

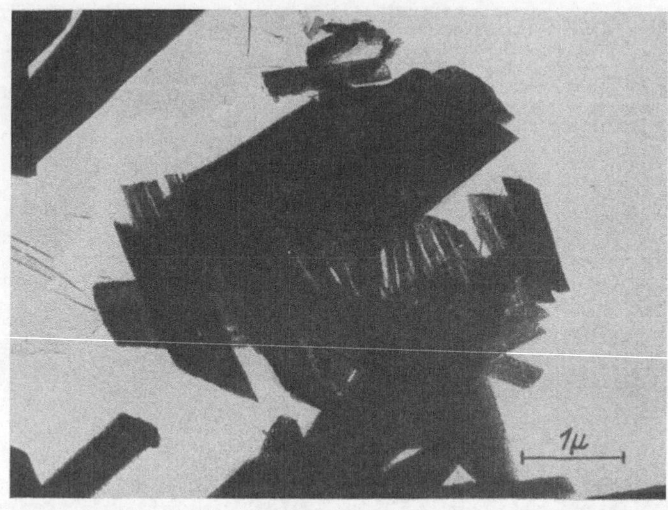

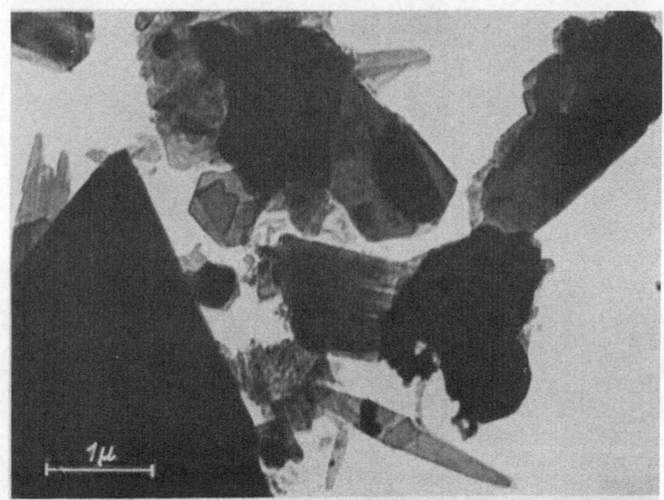

Gips und Kaolin.

Das Übermikroskop reicht mit seiner Auflösung in Gebiete, in denen die Strukturunterschiede feiner Pulver deutlich werden. Dafür geben unsere Bilder von Gips (oberes Bild) und Kaolin (unteres Bild) zwei Beispiele.

Kinder.	Magnet. Aufn.	Vergr.: 14 000 fach.
Gölz.	Elektr. Aufn.	Vergr.: 14 000 fach.

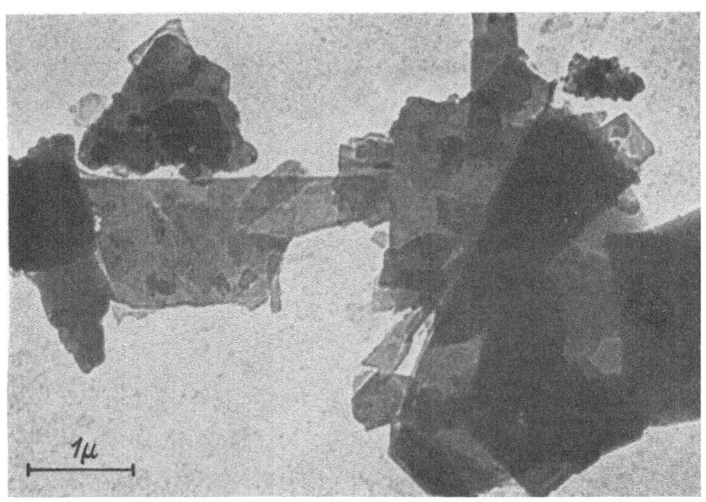

Talkum und Magnesiumoxyd.

Zwei weitere Beispiele für die Anwendung des Übermikroskops in Mineralogie, Staubforschung bzw. Werkstoffkunde geben unsere beiden Bilder, deren oberes Talkum, deren unteres Magnesiumoxyd zeigt, das im Gegensatz zu den Präparaten der Seiten 73 u. 101 auf nassem Wege gewonnen war.

Gölz.	Elektr. Aufn.	Vergr.: 14 000 fach.
Mahl [102].	Elektr. Aufn.	Vergr.: 17 000 fach.

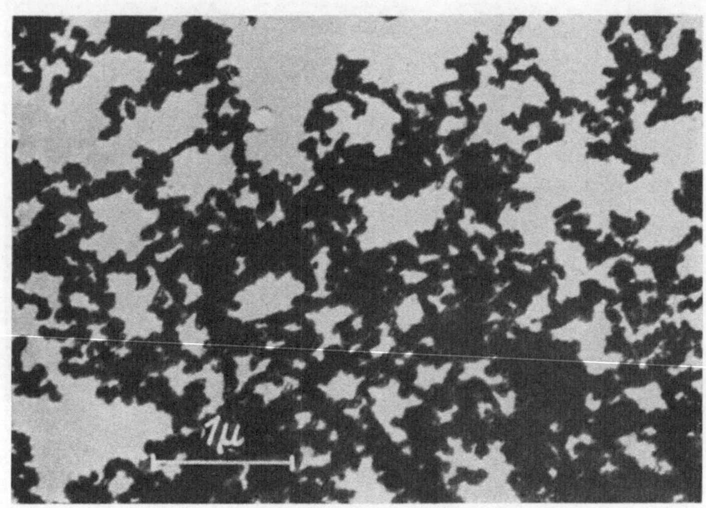

Ruß aus Flammen.

Ruß besteht im allgemeinen aus rundlichen Teilchen, die zur Bildung von Ketten neigen. Die Größe dieser Rußteilchen ist von einer zur anderen Rußsorte sehr verschieden. Unsere Aufnahmen zeigen Ruß, der im Laboratorium dadurch gewonnen wurde, daß der Objektträger über eine Kerzenflamme (oberes Bild) bzw. über eine Benzolflamme (unteres Bild) gehalten wurde.

Mahl [119]. Elektr. Aufn. Vergr.: 18 000 fach.

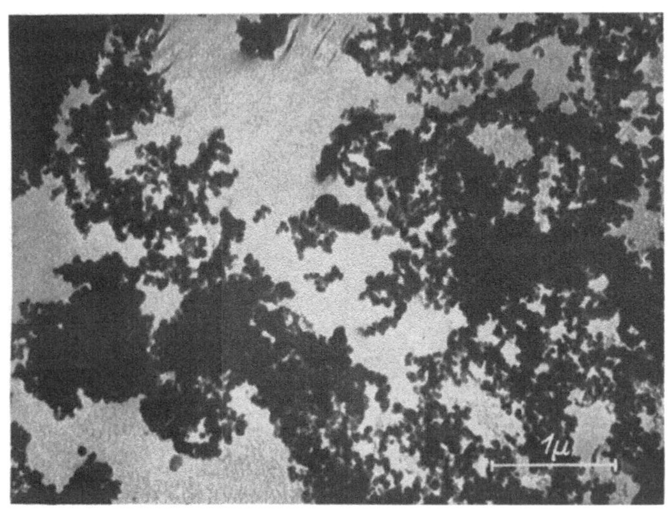

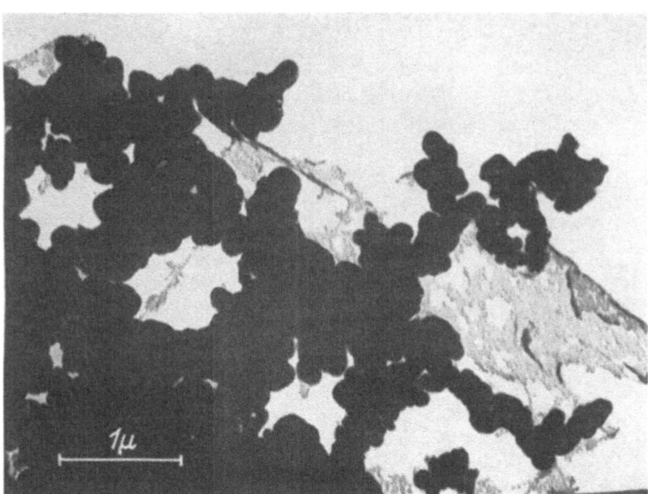

Technischer Ruß.

Ruß wird für die Gummiherstellung gebraucht. Solcher „aktiver" Ruß (oberes Bild), der in technischer Großfabrikation hergestellt wird, erweist sich aus relativ kleinen Teilchen bestehend. Von solchem sehr feinen Ruß führt die Skala der verschiedenen technischen Rußsorten bis zu den sehr großen Teilchen grober Gasruße (unteres Bild).

Mahl. Elektr. Aufn. Vergr.: 17 000 fach.

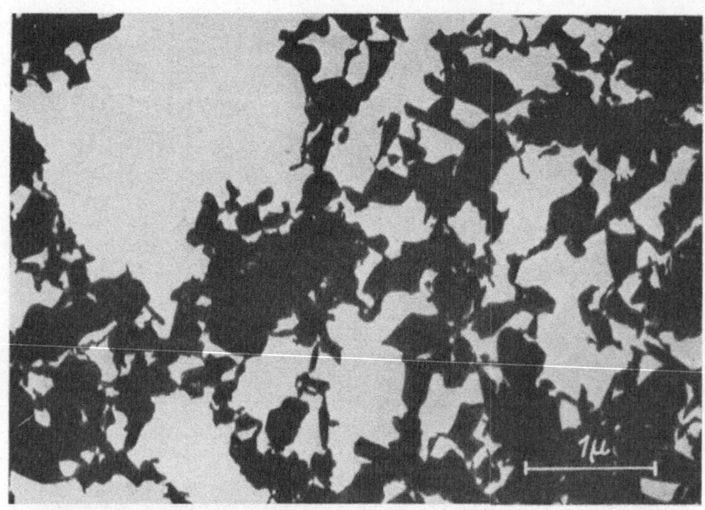

Technisches Zinkweiß.

Die hier und auf der Gegenseite wiedergegebenen Zinkweißbilder wurden von Zinkweiß, d. h. Zinkoxyd, erhalten, das durch Verbrennen von Zinkdampf entstand. Bereits diese Bilder lassen die Mannigfaltigkeit des chemisch einheitlichen Produkts erkennen, das in seiner Struktur von vielen Einflüssen bei der Herstellung (Ofengröße, Absetzkammern, Abkühlungsgeschwindigkeit) abhängig ist.

Arnold und Gölz. Elektr. Aufn. Vergr.: 18 000 fach.

Zinkweiß-Kristalle.

Das Bild zeigt besonders regelmäßige Zinkweiß-Kristalle, wie sie selten erhalten werden. Es handelt sich — das lassen stereoskopische Aufnahmen erkennen — um vierstrahlige Sterne verschiedener Größe. Die Sterne, die bei dem Bild vorwiegend mit drei Nadeln auf der Folie stehen, während die vierte, auf den Beschauer zugerichtete Nadel nicht erkennbar ist, gehören dem hexagonalen System an, in dem Zinkoxyd kristallisiert.

Arnold und Gölz. Elektr. Aufn. Vergr.: 25 000 fach.

Gemischte Kathodenpaste.

Eine Probe Kathodenpaste unbekannter Herkunft wurde von einer Oxydkathode abgekratzt und im Übermikroskop untersucht. Die beiden Aufnahmen zeigen zwei charakteristische Kristallformen, wie sie bei dieser Substanz, die aus vielerlei Komponenten bestand, auftreten.

Gölz. Elektr. Aufn. Vergr.: 13 000 fach.

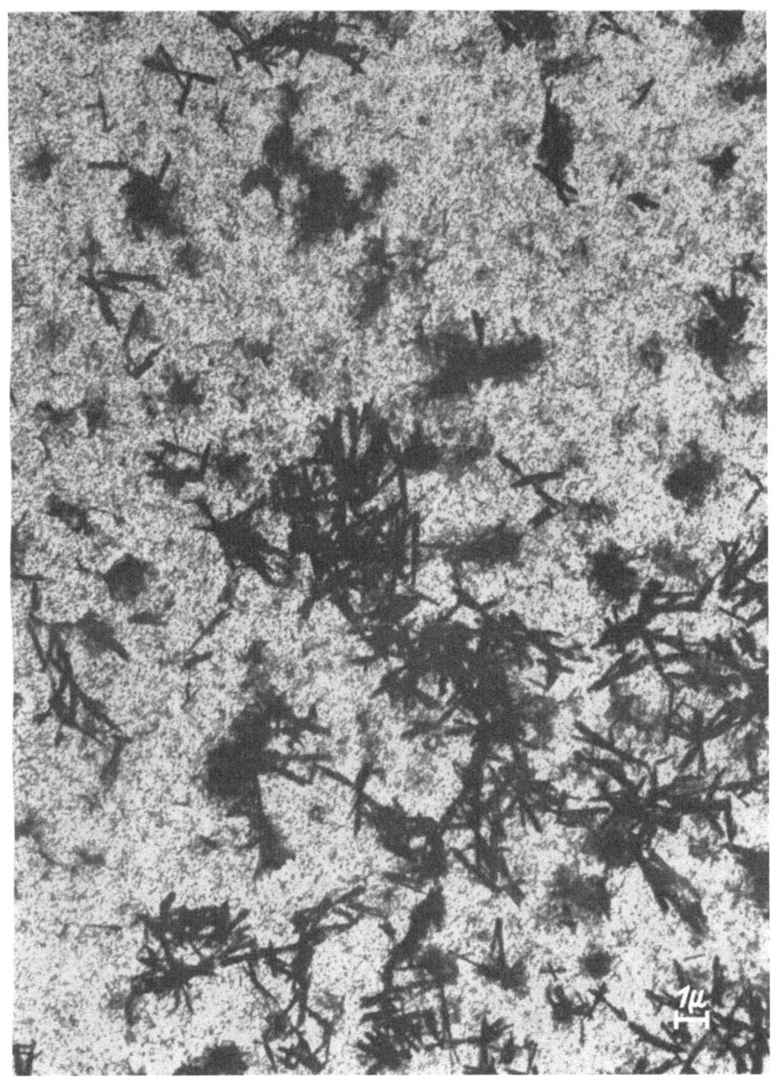

Kolloidale Kathodenpaste.

Die Paste für Oxydkathoden wird im allgemeinen aus Barium- oder Strontium als Grundmaterial hergestellt. Die hier wiedergegebene Paste sollte nach ihrem Herstellungsverfahren kolloidaler Natur sein. Das Übermikroskop zeigte jedoch, daß neben den als kleine Körner wiedergegebenen Kolloidpartikeln auch ein großer Anteil relativ grober Kristallnadeln vorhanden war.

Mahl. Elektr. Aufn. Vergr.: 4500 fach.

Blankes Aluminium.

Nach dem Abdruckverfahren (vgl. S. 86) wurde die Oberfläche von blankem Aluminiumblech, wie es handelsüblich ist, übermikroskopisch untersucht. Das Bild zeigt, daß die Oberfläche viele feine Unebenheiten, Fremdkörper und Löcher hat. Die Walzstruktur von oben nach unten ist deutlich erkennbar.

Mahl [121]. Elektr. Aufn. Vergr.: 8500 fach.

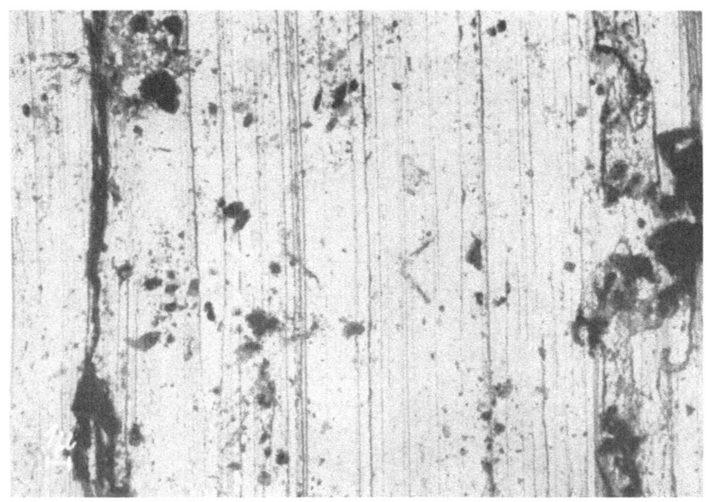

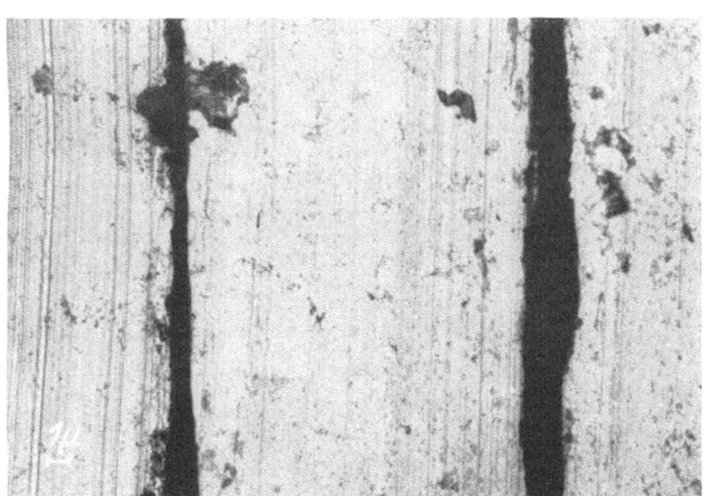

Abgedrehtes Aluminium.

Bei der oberen Aufnahme war das Aluminium mit Stahl, bei der unteren mit einem Diamant abgedreht. Die deutlichen Unterschiede an der Oberflächenstruktur dürfen jedoch nicht zu allgemeinen Schlüssen verleiten, da sich bei Verwendung eines ungeeigneten *Diamanten und eines sehr gut* polierten Stahls u. U. andere Ergebnisse ergeben.

Gölz. Elektr. Aufn. Vergr.: 3000 fach.

Aluminium, mit Salzsäure-Flußsäure geätzt.

Aluminium wurde mit Salzsäure-Flußsäure-Gemisch geätzt. Das Übermikroskop zeigt ein Gebirge aus Würfeln, wobei die Kanten der Würfel scharfkantig sind.

Mahl [136]. Elektr. Aufn. Vergr.: 11 000 fach.

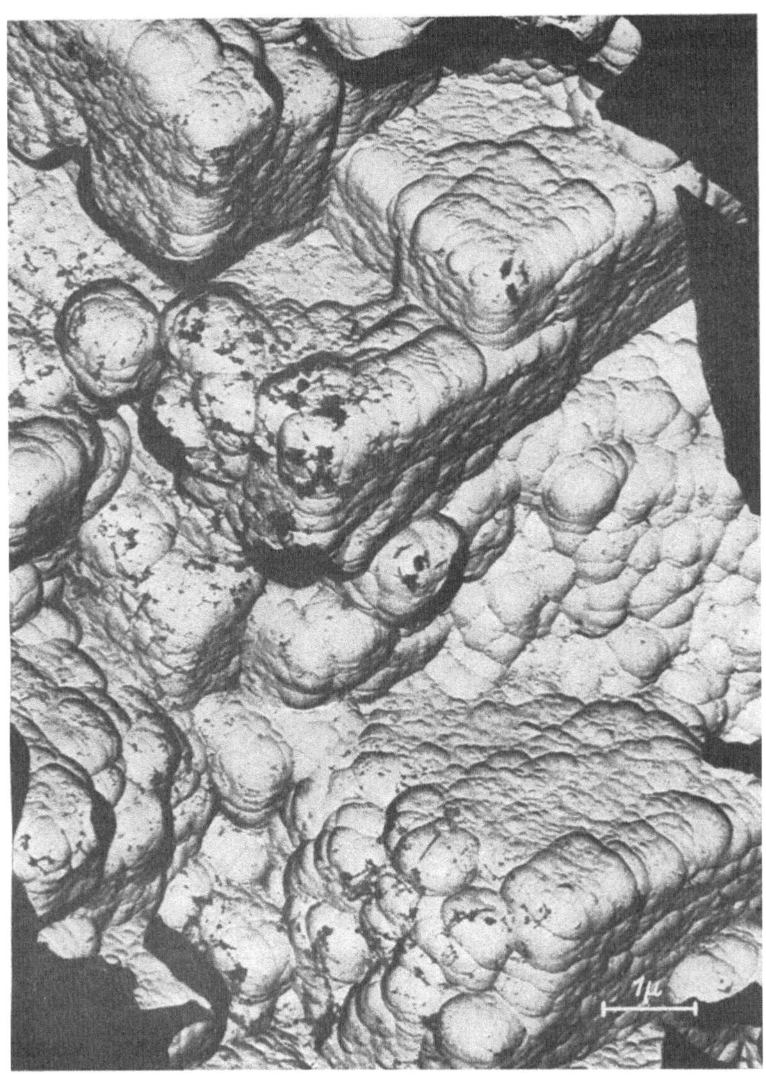

Anätzung mit Salpetersäure.

Wird ein mit Salzsäure-Flußsäure-Gemisch geätztes Aluminium (vgl. Gegenseite) mit heißer Salpetersäure angeätzt, so bilden sich Grübchen auf den vorher weitgehenden *glatten Würfelflächen und -Kanten.*

Mahl [139]. Elektr. Aufn. Vergr.: 13 000 fach.

Aluminium bei Salzsäure-Flußsäure-Ätzung.

Die Aufnahme zeigt bei relativ schwacher Vergrößerung das Ätzgebirge bei Ätzung mit einem Gemisch von Salz- und Flußsäure (vgl. S. 126). Es ist gerade die Ecke von drei Kristallkörnern verschiedener Lagerung in das Bildfeld gebracht. Die verschiedene Lage der drei Kristallite ist an der Struktur der Ätzwürfelchen erkennbar.

Mahl [136]. Elektr. Aufn. Vergr.: 5000 fach.

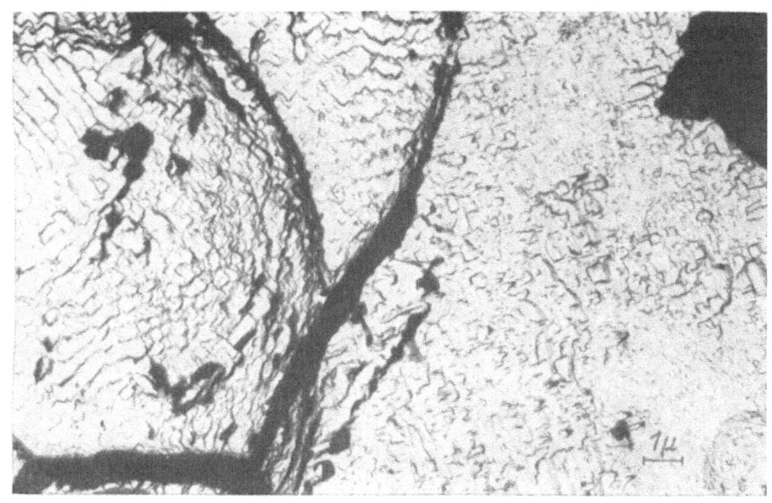

Aluminium bei Ätzung mit Strom und Kalilauge.

Wie bei der Ätzung mit Salzsäure (vgl. Gegenseite) erfolgt bei der Stromätzung (oberes Bild) der Abbau unter Freilegung von Würfelflächen. Anders ist demgegenüber die Ätzung mit Kalilauge (unteres Bild), bei der der Angriff in einzelnen Grübchen erfolgt, die *je nach der* Schnittrichtung der Kristallkörner eine andere Form haben.

Mahl [121]. Elektr. Aufn. Vergr.: 5000 fach.

Geätztes Reinstaluminium.

Bei dem hier untersuchten sehr reinen Aluminium (99,99%) zeigen sich bei Salzsäureätzung sehr verschiedenartige Flächen, insbesondere Pyramidenflächen, während der Ätzabbau bei technischem Aluminium in Würfelflächen erfolgt, wie es die Bilder der vorhergehenden Seiten zeigen.

Mahl [136]. Elektr. Aufn. Vergr.: 4500 fach.

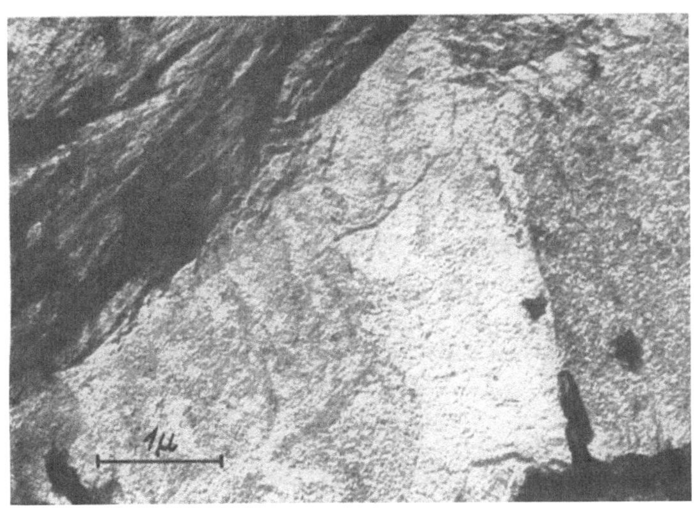

Eisen und Nickel geätzt.

Mit dem Abdruckverfahren lassen sich außer Aluminium auch verschiedene andere Metalle abbilden. Bei den beiden Aufnahmen wurde zur Abbildung des geätzten Elektrolyteisens (oberes Bild) durch schwaches Glühen ein Oxydfilm erzeugt und dieser auf elektrolytischem Wege abgelöst. Auf analoger Weise wurde auch die auf dem unteren Bild wiedergegebene *geätzte Nickeloberfläche* abgebildet.

Mahl. Elektr. Aufn. Vergr.: 16 000 fach.

Geätztes Kupfer.

Verlief schon bei Nickel die Herstellung des Abdrucks etwas anders als bei Aluminium, so wurde bei Kupfer ein stark abweichendes Verfahren durchgeführt. Auf das Metall wurde sehr verdünnter Zaponlack aufgetrocknet und der Lackfilm abgelöst, der dann ebenfalls die Unebenheiten enthält (vgl. S. 87).

Mahl und Seeliger [136]. **Elektr. Aufn.** **Vergr.: 10 000 fach.**

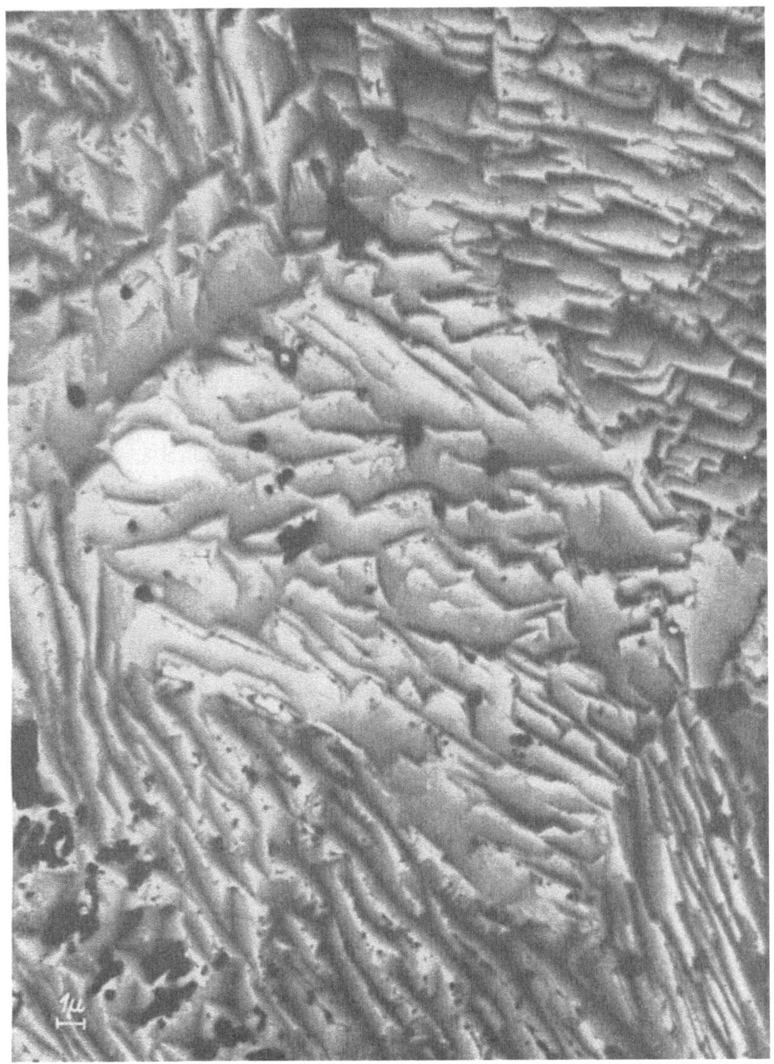

Geätztes Messing.

Zur Abbildung der geätzten Messingoberfläche wurde, wie auf dem Bild der Gegenseite, ein Zaponabdruckfilm verwendet. Das Bild läßt deutlich verschiedene Kristallkörner an der unterschiedlichen Form der Ätzfiguren erkennen.

Mahl und Seeliger. Elektr. Aufn. Vergr.: 4000 fach.

Geätztes Hydronalium.

Der Abdruckfilm wurde hier wie bei Aluminium durch elektrolytische Oxydation des Hydronaliums (Aluminium mit in diesem Fall 7% Magnesium) gewonnen. Das Bild zeigt Kristallite, die bei dem hier wiedergegebenen homogenisierten Gefüge durch das Ätzmittel annähernd gleich weit abgebaut worden sind.

Mahl und Pawlek. Elektr. Aufn. Vergr.: 4000 fach.

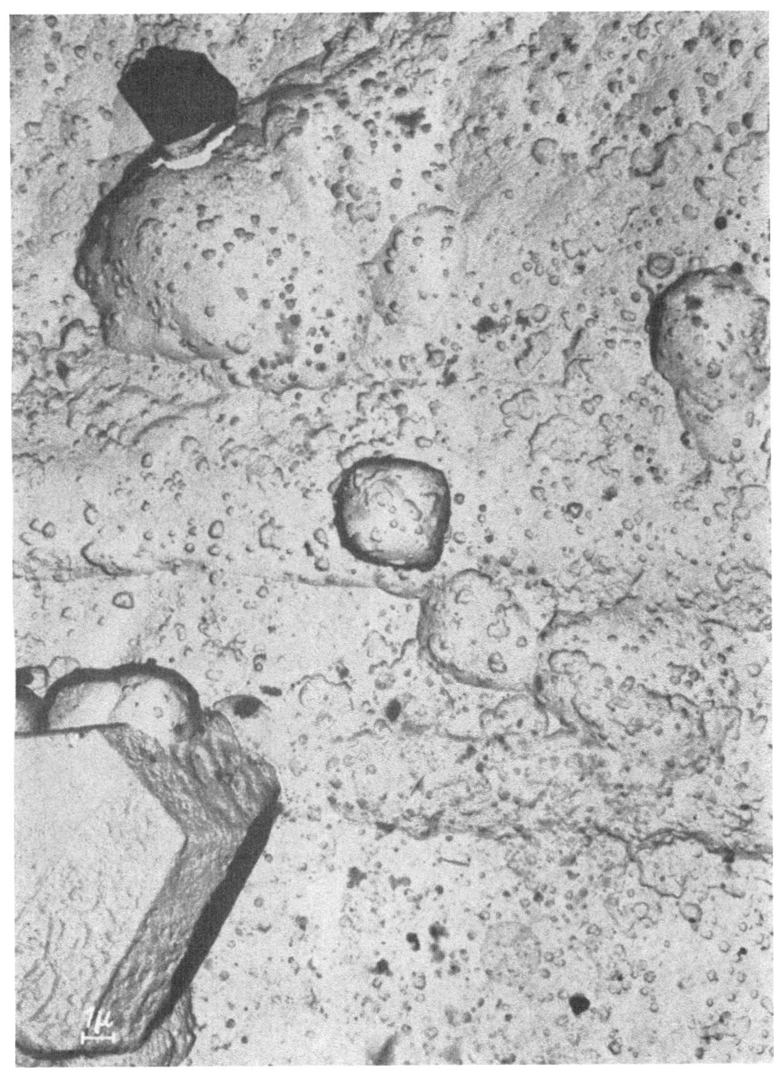

Geätztes Duralumin.

Das Bild wurde auf gleiche Weise erhalten wie das auf der Gegenseite. Es stellt geätztes Duralumin dar, das vor der Ätzung einer Wärmebehandlung ausgesetzt war, die zu einer $CuAl_2$-Ausscheidung geführt hatte. Die Ausscheidungen haben beim Ätzen Lokalelemente gebildet, so daß der Ätzangriff an den Stellen, an denen die Ausscheidungen saßen, besonders stark war und zu grübchenförmigen Ätzfiguren führte.

Mahl. Elektr. Aufn. Vergr.: 4000 fach.

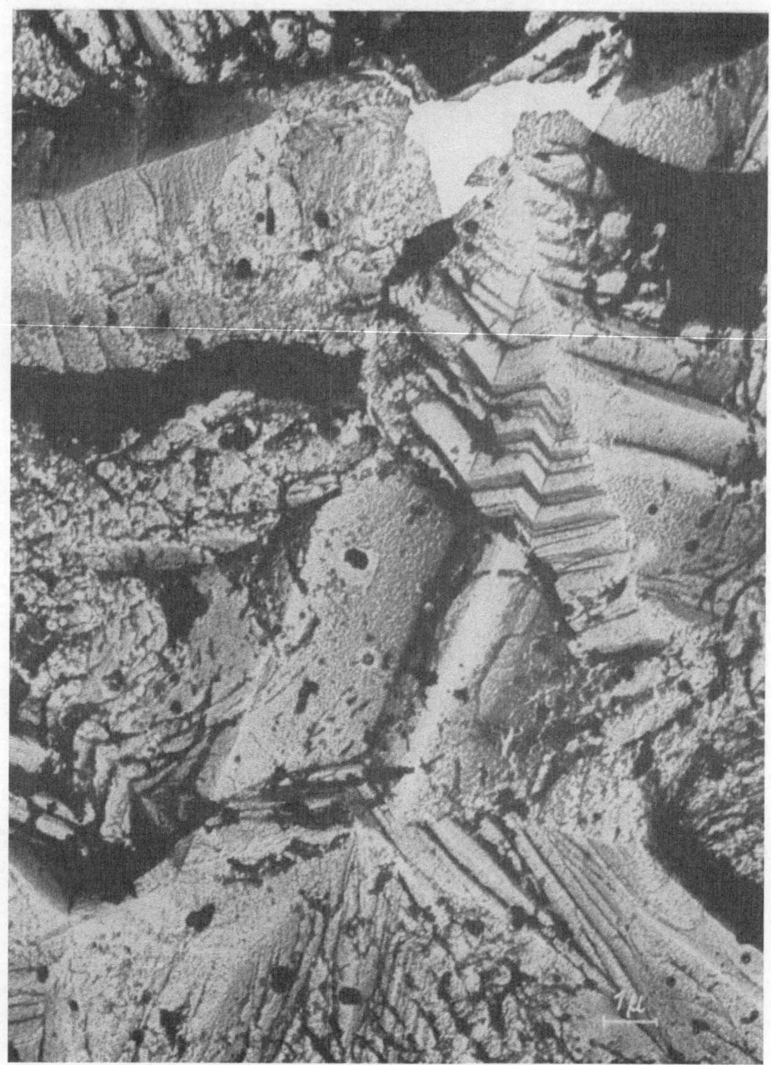

Geätztes Nickel.

Bei geätztem Nickel, das mit Salzsäure geätzt ist, herrscht nicht der Abbau in Würfelflächen vor. Vielmehr treten andere Ätzfiguren auf, die an Eiskristalle am Fenster erinnern. Der Oxyd-Abdruckfilm wurde thermisch erzeugt und galvanisch abgelöst.

Mahl und Seeliger [136]. Elektr. Aufn. Vergr.: 7000 fach.

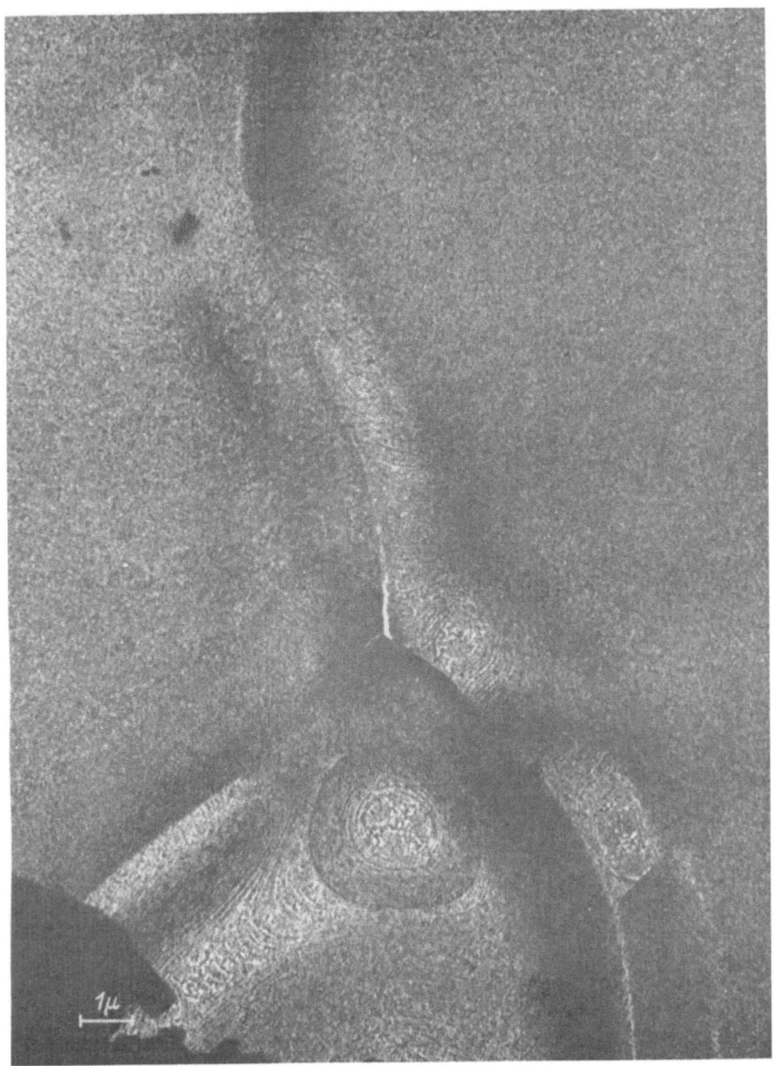

Gefügeabbau durch Glühen.

Das Bild stellt die Oberfläche eines Nickelbleches dar, das im Vakuum so hoch geglüht worden war, daß eine Verdampfung des Materials begonnen hatte. Das Material ist vorwiegend aus den Korngrenzen herausgedampft, so daß die Spuren von Gleitebenen, die in den einzelnen Kristalliten vorhanden waren, ähnlich wie Höhenlinien eines Landkartenreliefs beobachtbar sind.

Mahl und Seeliger. Elektr. Aufn. Vergr.: 7000 fach.

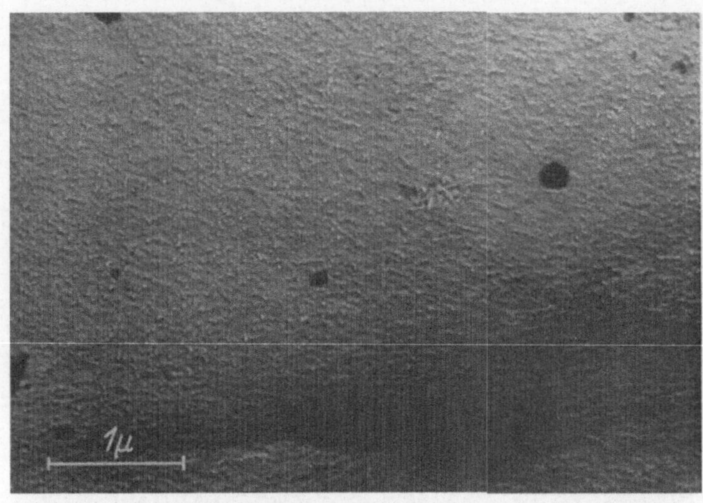

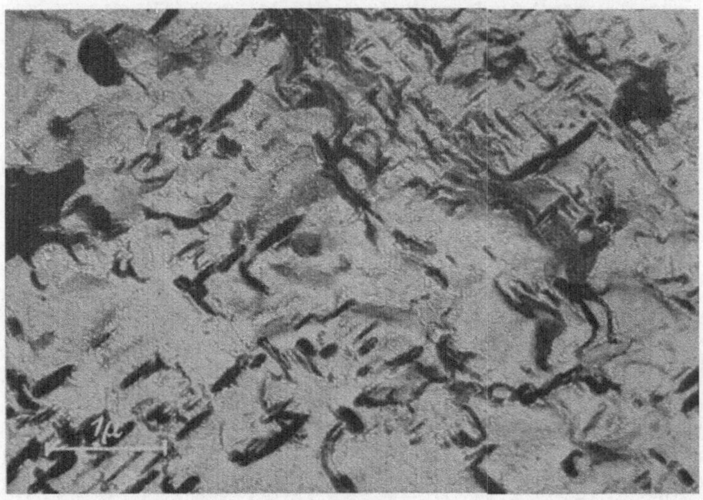

Duralumin.

Das Abdruckverfahren erlaubt auch den Nachweis von Ausscheidungen aus Legierungen, die bei geeigneter Wärmebehandlung des öfteren auftreten. Während auf dem oberen Bild, das kalt ausgehärtetes Duralumin wiedergibt, die Struktur des Abdruckfilmes keine wesentlichen Einlagerungen zeigt, sind auf dem warm ausgehärteten Duralumin (unteres Bild) die ausgeschiedenen $CuAl_2$-Partikelchen deutlich als schwarze Stäbchen, die senkrecht zueinander orientiert sind, zu erkennen.

Mahl und Pawlek [147]. Elektr. Aufn. Vergr.: 18 000- bzw. 16 000 fach.

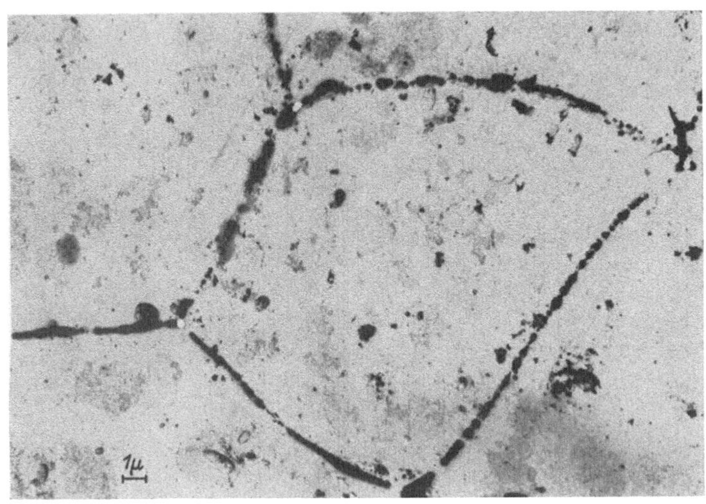

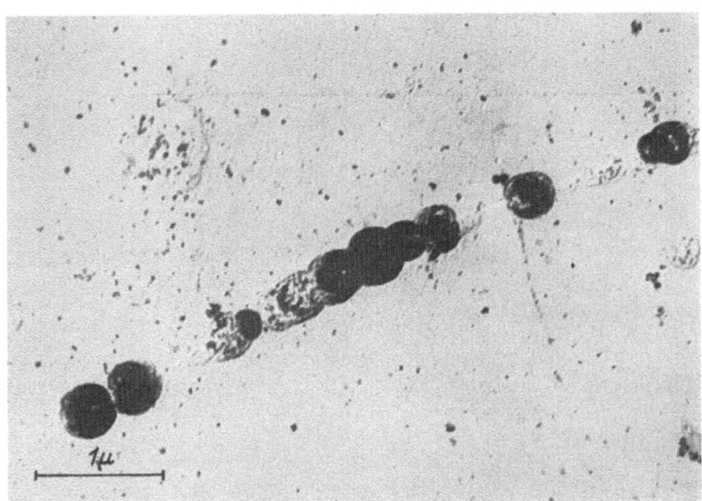

Getempertes Hydronalium.

Während bei Duralumin (vgl. Gegenseite) bei der Temperung Ausscheidungen inmitten der Kristallite auftreten, treten bei Hydronalium solche Ausscheidungen ($Mg_2 Al_3$) zuerst vorwiegend an den Korngrenzen als perlschnurartig aneinandergereihte Körner auf (oberes Bild). Die übermikroskopische Aufnahme (unteres Bild) zeigt, daß solche „Perlen" wie in dem hier wiedergegebenen Stadium auch eine Zusammenballung feiner kolloidaler Teilchen sein können.

Mahl und Pawlek [147]. Elektr. Aufn. Vergr.: 3000- bzw. 18 000 fach.

Galvanische Schichten.

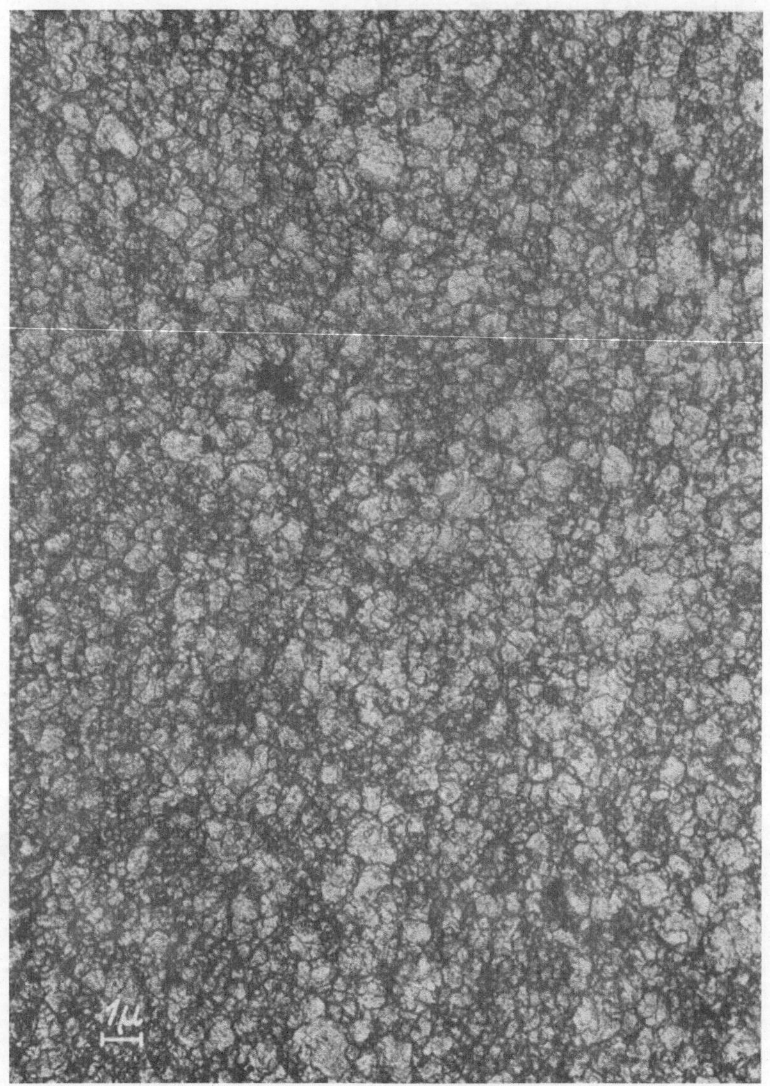

Galvanischer Nickelniederschlag.

Das Bild zeigt einen galvanischen Nickelniederschlag, der auf Messing niedergeschlagen worden war. Der Nickelniederschlag besteht aus einzelnen, verschieden großen Kriställchen. Der Abdruckfilm wurde durch thermische Oxydation und elektrolytische Ablösung gewonnen.

Mahl und Seeliger. Elektr. Aufn. Vergr.: 5500 fach.

VI. Übermikroskopische Bilder aus der belebten Natur.

Außer den vielen Anwendungsmöglichkeiten, die das Elektronenmikroskop — sei es ein Emissions- oder Durchstrahlungsmikroskop — in der unbelebten Natur hat, ist ein großer Kreis von Anwendungen vorhanden, die das Durchstrahlungs-Übermikroskop dem Forscher in der belebten Natur erschließt.

Die Zellforschung war das erste Gebiet, auf dem das Durchstrahlungsmikroskop — allerdings noch unterhalb der Auflösungsgrenze des Lichtmikroskops — zum Einsatz gebracht wurde. Diese ersten Versuche sind an den Namen von Marton geknüpft, über dessen Arbeiten wir 1935 sagten:

> *„Es scheint zunächst, als ob die weitere Verfolgung dieses Weges wenig Aussichten verspräche, denn die hohen Elektronenenergien und die Einbringung des Objektes ins Vakuum bedeuten für die Untersuchung empfindlicher organischer Substanzen große Schwierigkeiten. Daß man die Hoffnung jedoch nicht aufzugeben braucht, zeigen die kürzlich durch Marton erzielten Ergebnisse .... Wenn auch sehr hohe Vergrößerungen bei diesen Objekten bisher nicht durchgeführt sind und die Bilder noch an Schärfe zu wünschen übrig lassen, so ist doch durch das Experiment ein gangbarer Weg gezeigt, mag es auch noch lange währen, bis sich das Elektronenmikroskop auch hier seinen Platz neben dem Lichtmikroskop erobert hat“.* [38]

Bald darauf ist es dann Krause gelungen, das magnetische Elektronenmikroskop Ruskas so zu verbessern, daß ihm die Abbildung biologischer Objekte an der Grenze der lichtmikroskopischen Auflösung glückte. Er bildete, wenn auch zunächst noch unvollkommen, Gewebeteile ab. Heute liegen bereits viele Aufnahmen medizinisch interessanter Objekte wie Bakterien, Bakteriophagen, Viren, Blutkörperchen, Zellen usw. vor. Auch in die Zoologie, Botanik und in andere Gebiete der belebten Natur sind Vorstöße unternommen, die Fortschritte erwarten lassen.

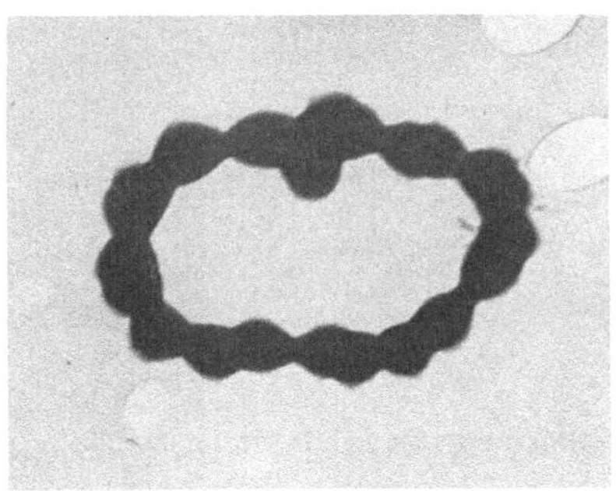

Eigenartige Ringbildung von Kokken. Der Ring hat einen Radius von weniger als $^1/_{1000}$ mm. (Aus einer Zusammenarbeit mit dem Inst. Robert Koch.)

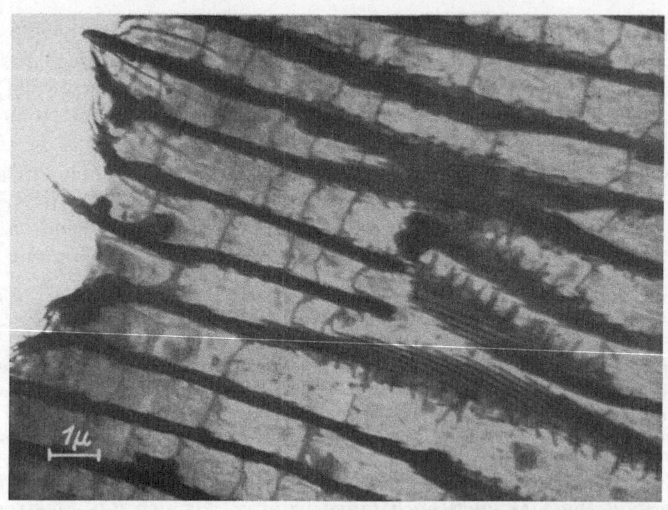

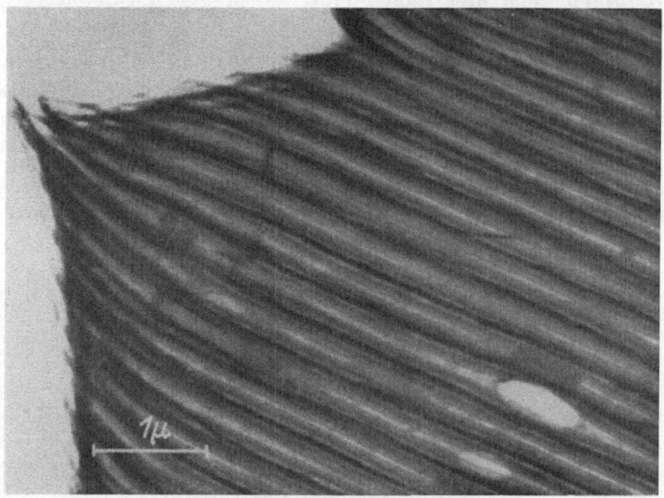

Schuppen von Schmetterlingsflügeln.

Bei der groben Schuppe von Morpho achilles (oberes Bild) erkennt man die Feinstruktur der zum Teil umgelegten Leisten. Danach bestehen sie in diesem Falle aus einzelnen nebeneinanderliegenden Lamellen. Die Schuppe von Morpho adonis (unteres Bild) zeigt sehr schmale, eng benachbarte „Leisten", die mit dem Lichtmikroskop nur schwierig nachzuweisen sind.

Kinder und Gentil. Magnet. Aufn. Vergr.: 7000- bzw. 15 000 fach.

Einzelheit einer Schuppe.

Die Aufnahme zeigt überstehende Leisten der Flügelschuppen von Morpho aega in hoher Vergrößerung. Die auf Grund polarisationsoptischer Untersuchungen vermutete Lamellierung der Leisten wird durch die elektronenoptische Untersuchung bewiesen.

Kinder und Gentil. Magnet. Aufn. Vergr.: 35 000 fach.

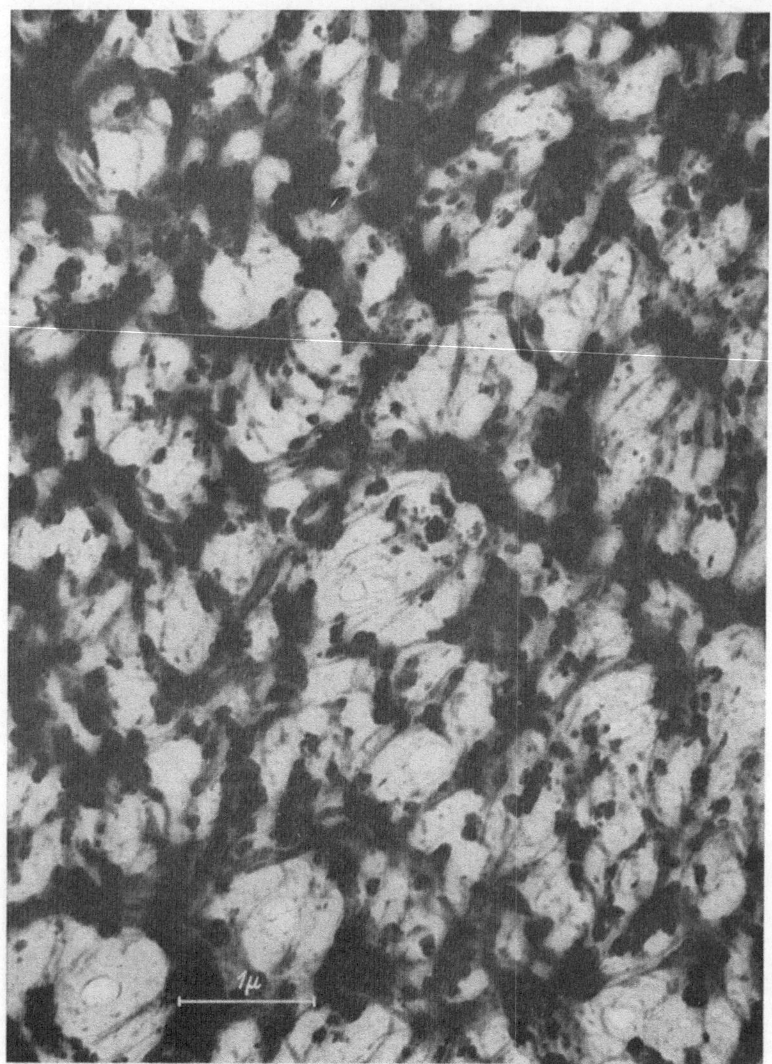

Feinstruktur einer Schneckenschale.

Von der angeätzten Fläche eines Dünnschliffs von Cypraea tigris L. wurde ein Zapon-Abdruck hergestellt. Die hellen Bereiche im Bilde zeigen die Abdrücke der einzelnen Kalk-Elemente. Die dazwischen ausgespannten Häutchen mit den darin eingelagerten Pigmentkörnern blieben nach Auslösen des Kalkes an der Folie haften.

Gölz u. Helmcke. Elektr. Aufn. Vergr.: 19 000 fach.

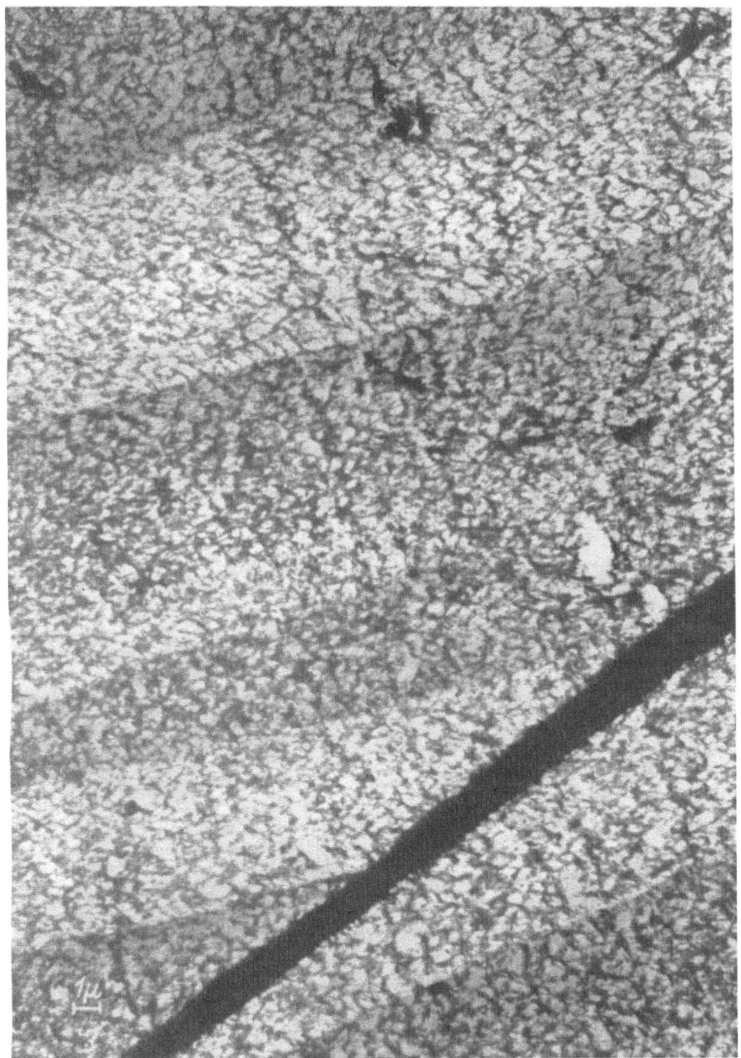

Kalk-Lamellen einer Schneckenschale.

Bei geringerer Vergrößerung zeigt dieser Zapon-Abdruck unerwarteterweise Streifen verschiedener Helligkeit. Diese Streifen entsprechen den Kalk-Lamellen, die sich in einem Dünnschliff der Schale unter dem Polarisations-Mikroskop nach Art der Zwilling-Lamellen gleichwertig verhalten.

Gölz u. Helmcke. Elektr. Aufn. Vergr.: 5000 fach.

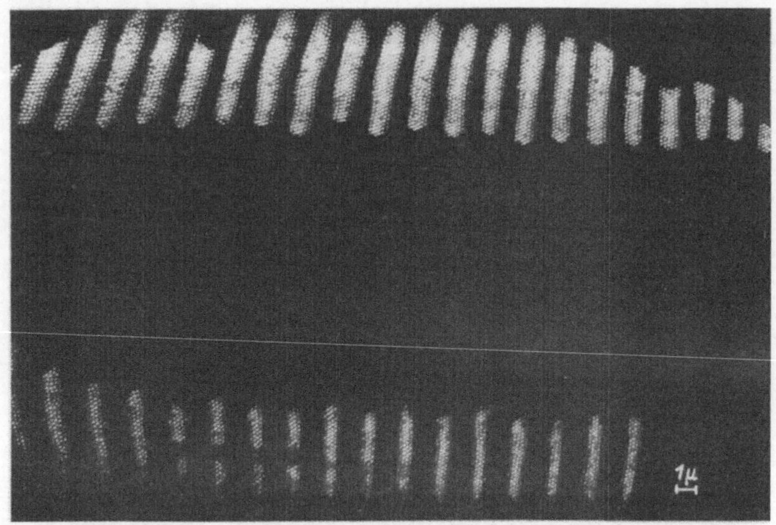

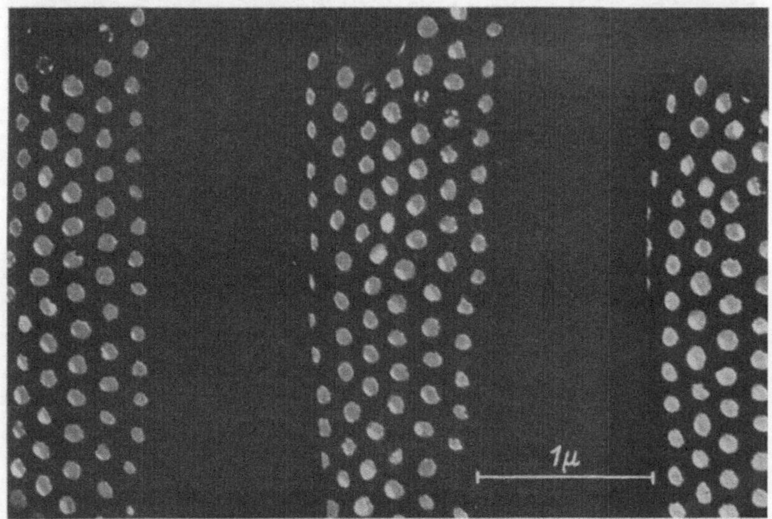

Diatomeenpanzer der navicula nobilis.

Der Kieselsäurepanzer dieser besonders feinen Diatomeen ist von breiten festen Rippen grätenartig durchzogen, zwischen denen feine Wabenlöcher angeordnet sind. Diese Löcher mit einem Mittenabstand von 150...200 mμ sind unter günstigen Bedingungen im Ultraviolettmikroskop gerade eben noch zu trennen, während das Übermikroskop auch ihre Form zeigt.
Mahl [136]. Elektr. Aufn. Vergr.: 3000- bzw. 24 000 fach.

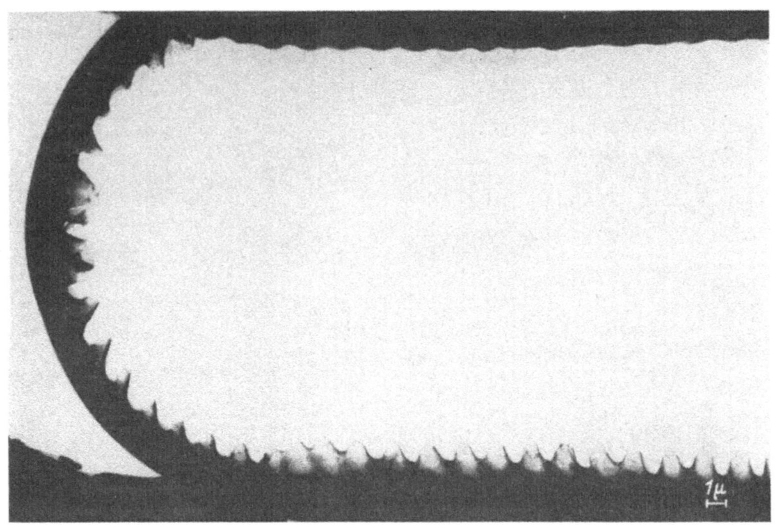

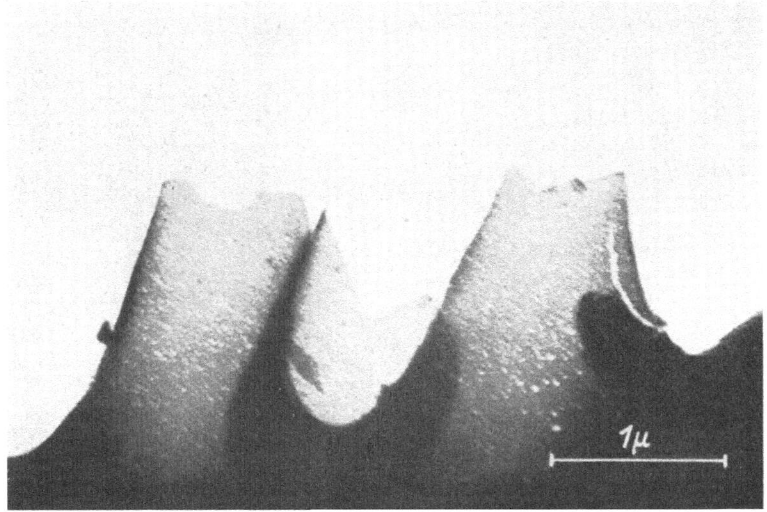

Zertrümmerter Diatomeenpanzer.

Das Innere der navicula nobilis (s. auch Gegenseite) ist herausgebrochen. Die Ansätze der Rippen sind stehengeblieben, die teilweise durchstrahlt werden. Die Rippen zeigen eine sehr feinkörnige Struktur.

Mahl [136]. Elektr. Aufn. Vergr.: 3000- bzw. 24 000 fach.

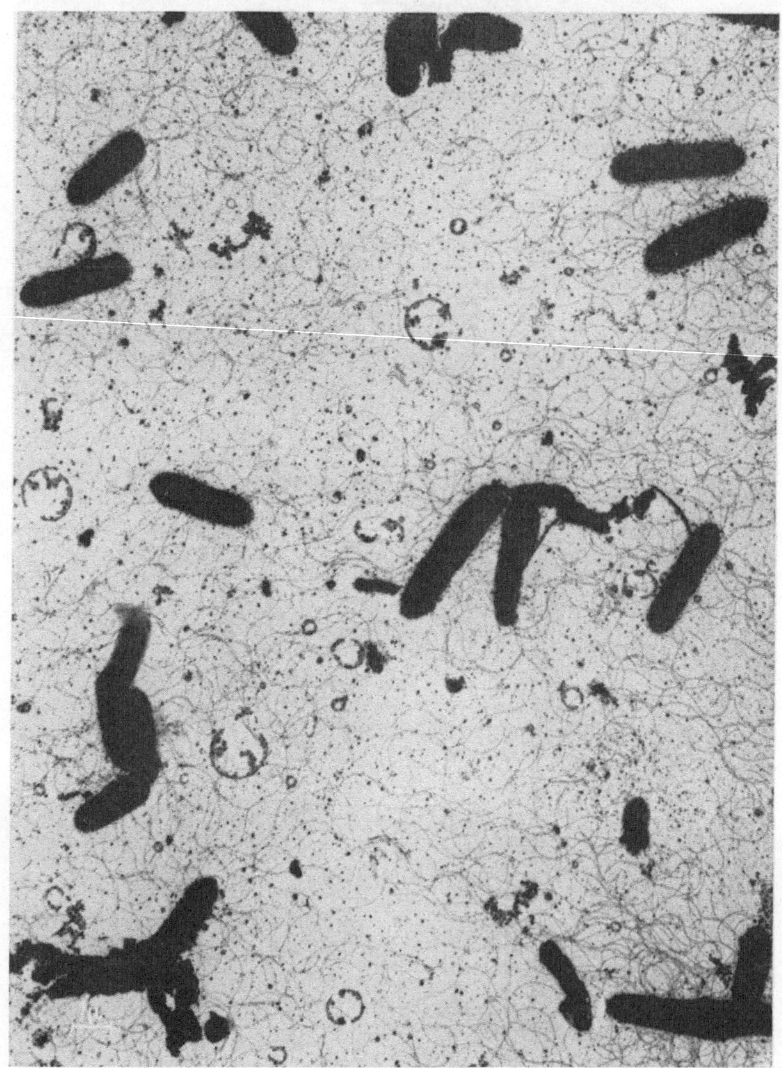

Bakterien mit Geißeln.

Bei dieser Übersichtsaufnahme von Tetanomorphus-Bakterien sind die Geißeln, deren Hellfeld-Abbildung ohne besondere Präparierung im Lichtmikroskop nicht mehr gelingt, besonders gut zu erkennen.

Jakob und Mahl [120]. Elektr. Aufn. Vergr.: 4500 fach.

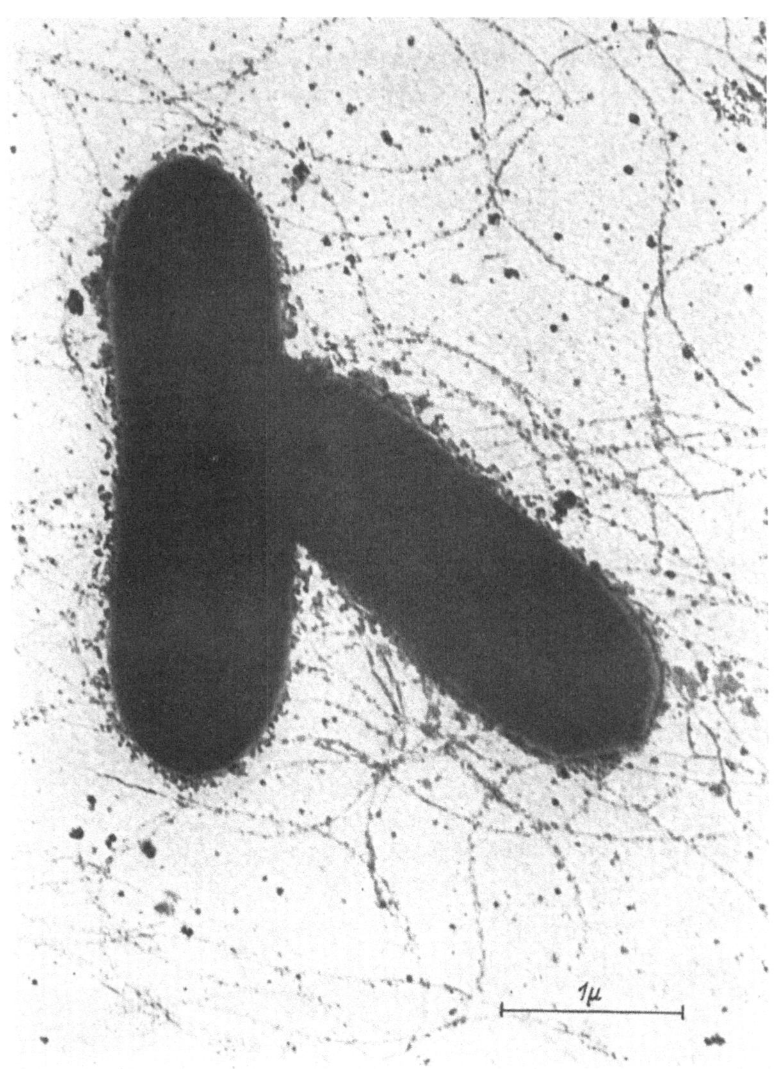

Einzelne Bakterien mit Geißeln.

Dieselben Bakterien wie bei dem Bild auf der Gegenseite. Bemerkenswert sind außer den Geißeln die kleinen Begleitkörper, die in der Nähe der Bakterien besonders dicht gelagert sind.

Jakob und Mahl [136]. Elektr. Aufn. Vergr.: 25 000 fach.

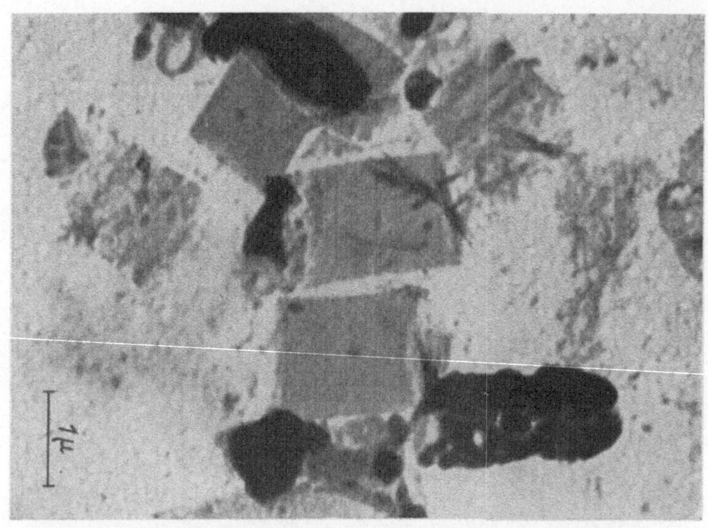

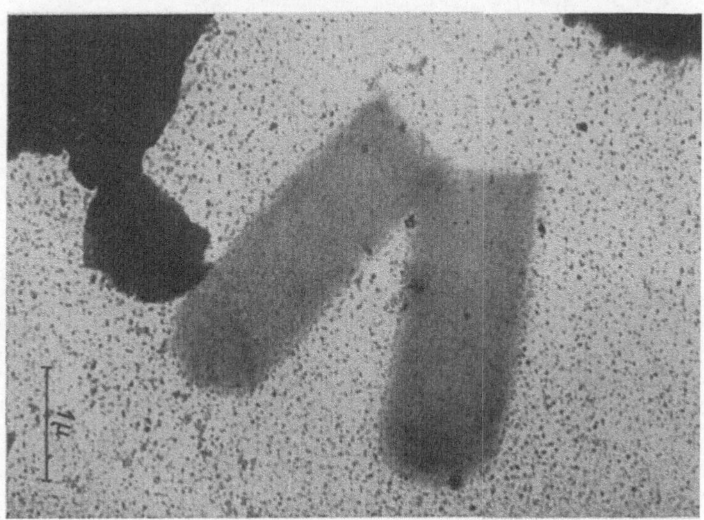

Bakterienhüllen (Membranen, Kapseln).

Die beiden Bilder zeigen die für manche Bakterien charakteristischen Hüllen, die bei vielen Bakterien erst durch das Übermikroskop sichergestellt wurden. Bei obigen Aufnahmen handelt es sich um die äußerst gefährlichen Gasbrandbazillen (oberes Bild) und um Hüllen von Tetanomorphus-Bazillen (unteres Bild).

Jakob und Mahl [120]. Elektr. Aufn. Vergr.: 12 500- bzw. 15 000 fach.

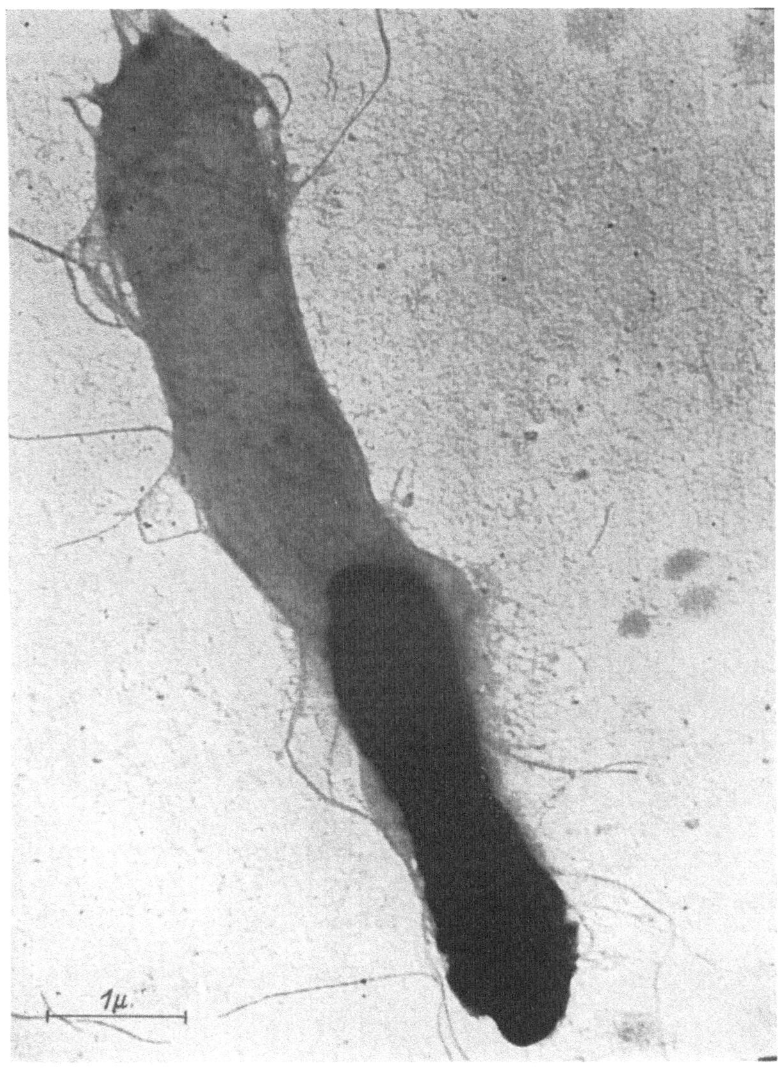

Ein Bakterium schlüpft aus der Hülle (Bact. Tertius).

Hier ist der Augenblick im Bilde festgehalten, in dem das Bakterium anscheinend gerade seine Hülle verlassen hat.

Jakob und Mahl [124]. Elektr. Aufn. Vergr.: 19 000 fach.

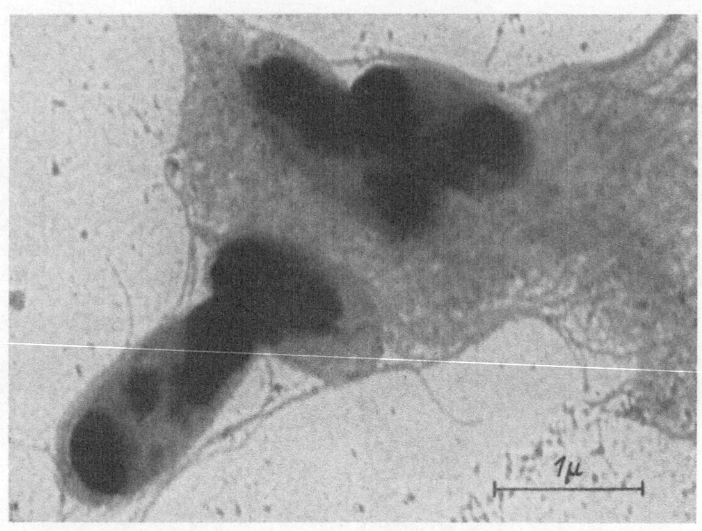

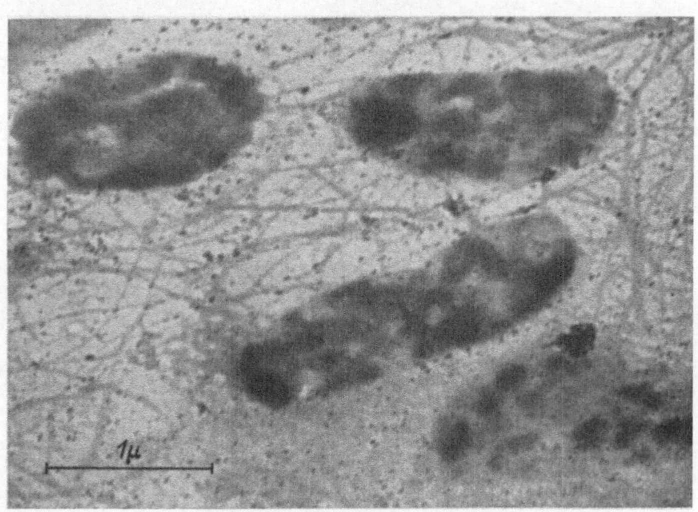

Bakterien mit Innenstruktur.

Häufig lassen Bakterien im Elektronenmikroskop eine innere Struktur erkennen, so z. B. bei Bact. putrificus verrucosus (oberes Bild) und den Proteus-Bakterien (unteres Bild). Derartige Innenstrukturen werden besonders bei älteren Kulturen beobachtet.

Jakob und Mahl [120]. Elektr. Aufn. Vergr.: 20 000- bzw. 23 000 fach.

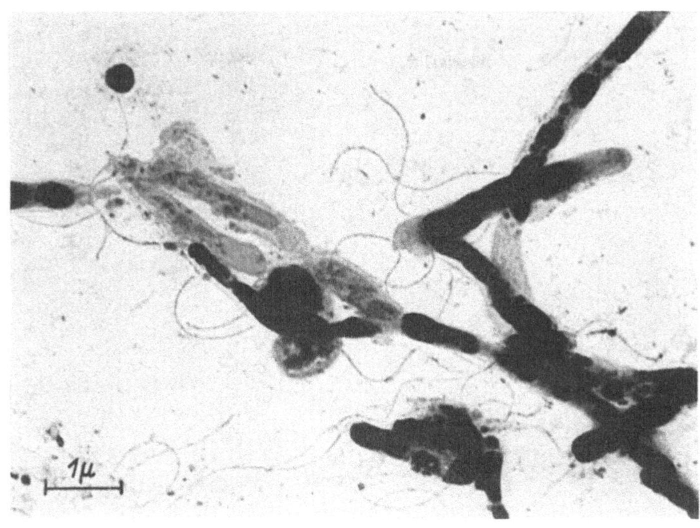

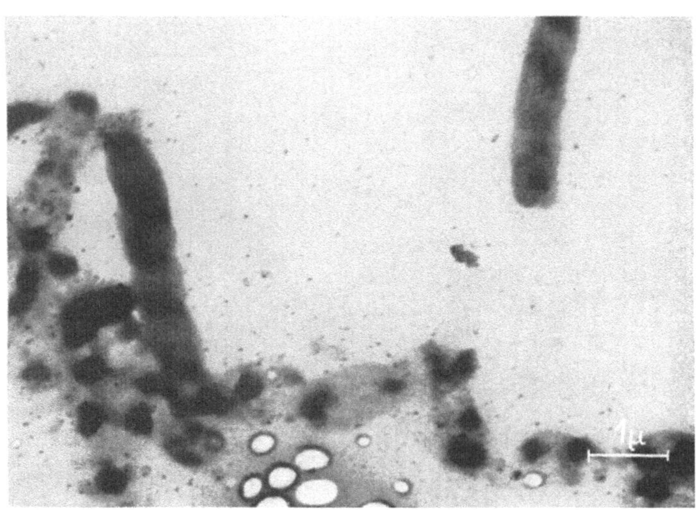

Bakterien mit Innenstruktur.

Ein weiteres Beispiel für Innenstruktur geben die Aufnahmen von Bact. vibrio albensis Sonnenschein (oberes Bild) und Bact. pyocyaneus (unteres Bild). Während das mit 50-kV-Elektronen aufgenommene obere Bild die Umrisse und Geißeln deutlich zeigt, sind bei der Aufnahme mit 135-kV-Elektronen manche Feinheiten nicht mehr erkennbar (vgl. S. 81).

Mahl [120]. Elektr. Aufn. Vergr.: 11 000 fach.
Kinder [136]. Magnet. Aufn. Vergr.: 11 000 fach.

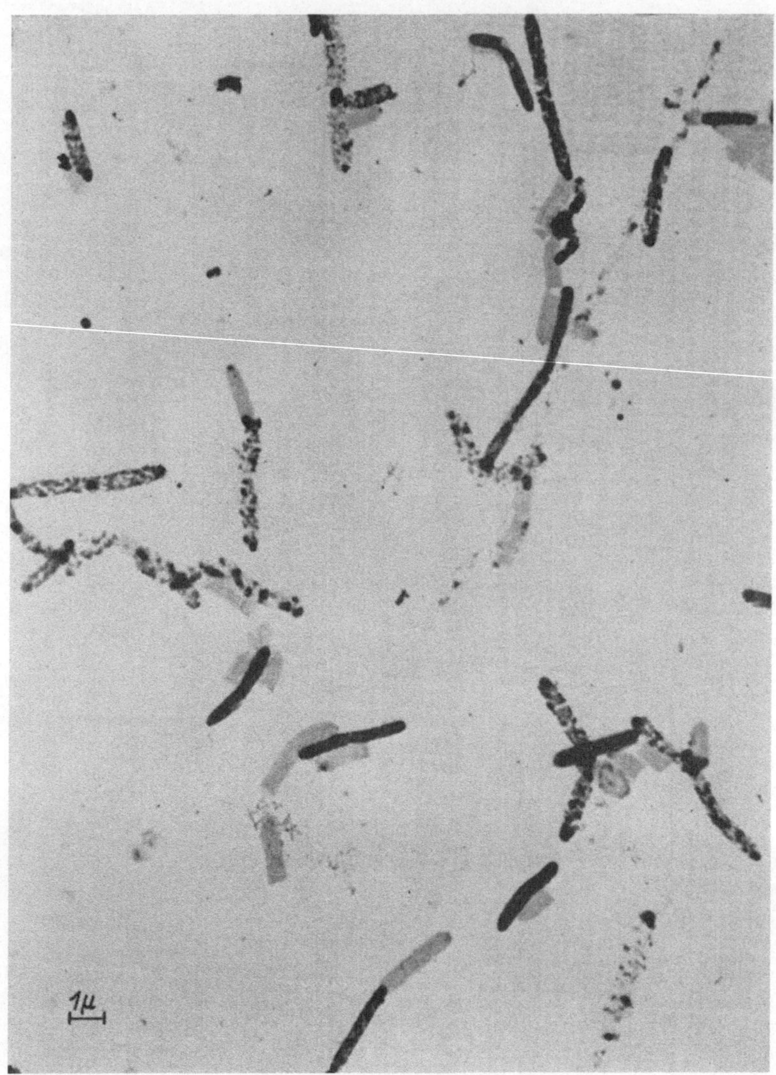

Zerfallende Bakterien.

Die Bakterien (Bact. Sphenoides) haben ihre schützenden Hüllen verlassen. Es beginnt der Zerfall, der bei den einzelnen Bakterien verschieden weit fortgeschritten ist. Wahrscheinlich bedeutet dieses Stadium den Untergang der Bakterien.

Jakob und Mahl [136]. Elektr. Aufn. Vergr.: 5000 fach.

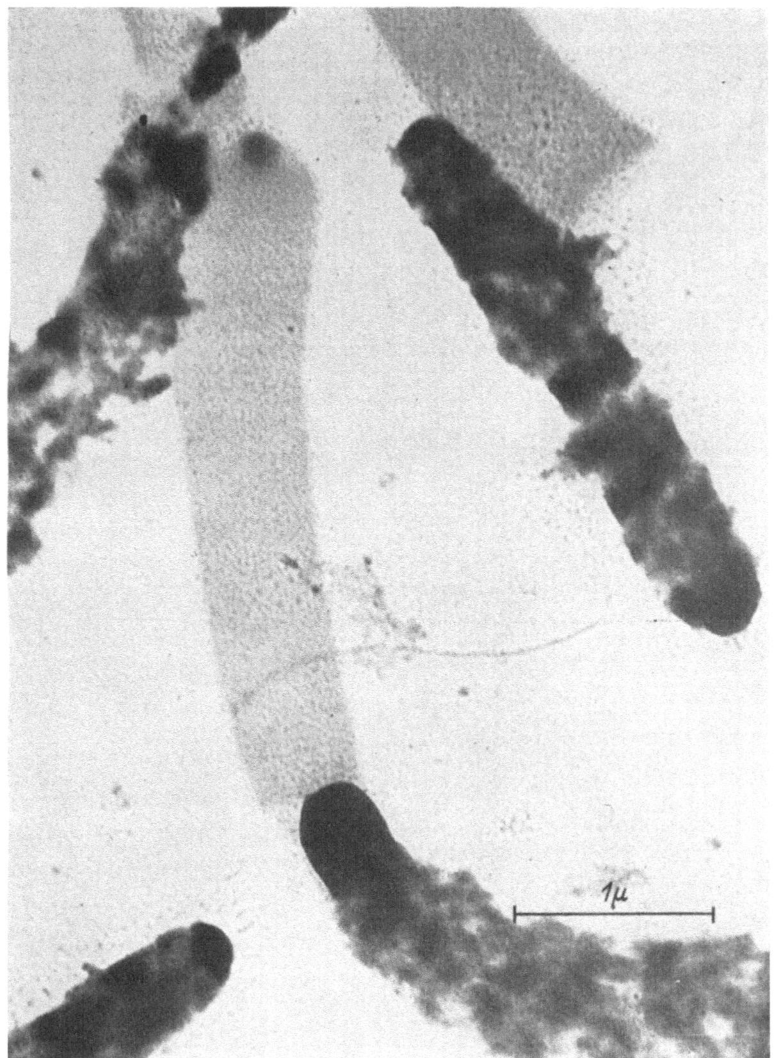

Zerfallende Bakterien.

Bei der fünfmal so hohen Vergrößerung wie bei dem Übersichtsbild auf der Gegenseite erkennt man, daß die Enden der Bakterienkörper nicht so weit zerfallen sind wie die übrige Zellsubstanz. Vermutlich weisen diese „Polkörper" eine andere, widerstandsfähigere Zusammensetzung auf.

Jakob und Mahl [136]. Elektr. Aufn. Vergr.: 27 000 fach.

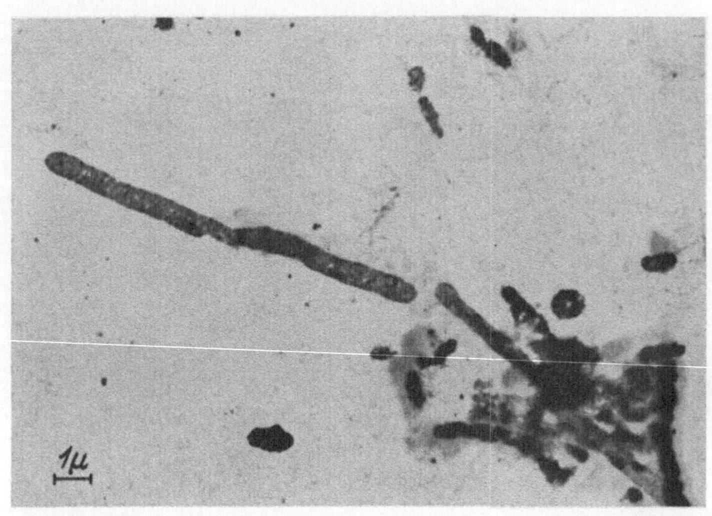

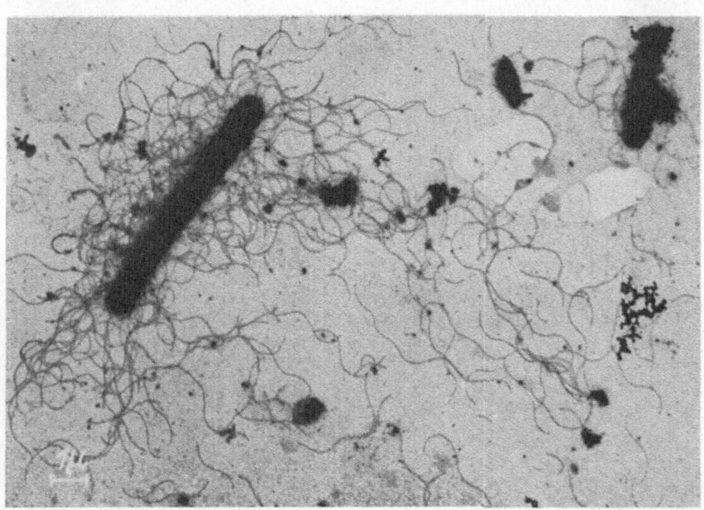

Rauschbrand und Para-Rauschbrand.

Der Para-Rauschbrand-Bazillus (unteres Bild) ist, wie der Gasbrand (vgl. S. 150) und Novy-Bazillus (vgl. S. 25) für den Menschen sehr gefährlich. Er findet sich häufig in verschmutzten Wunden. Der Rauschbrand-Bazillus (oberes Bild) dagegen bedingt nur Tierseuchen. Der Keim wurde früher von den Norwegern als Pfeilgift beim Walfischfang benutzt.

Jakob und Mahl. Elektr. Aufn. Vergr.: 5000 fach.

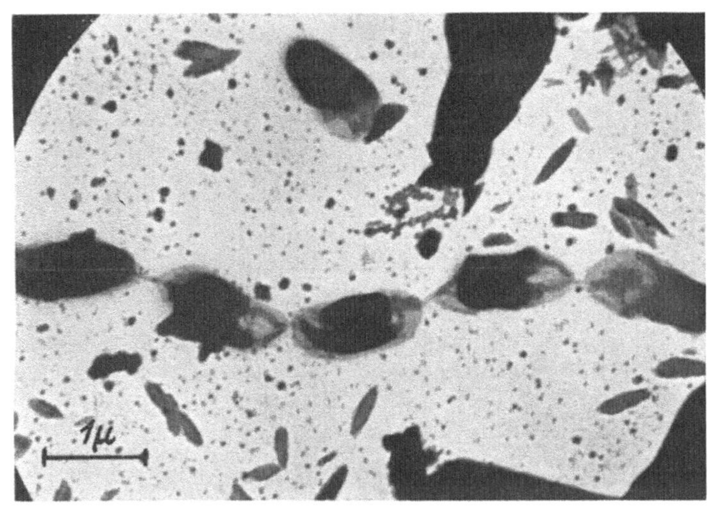

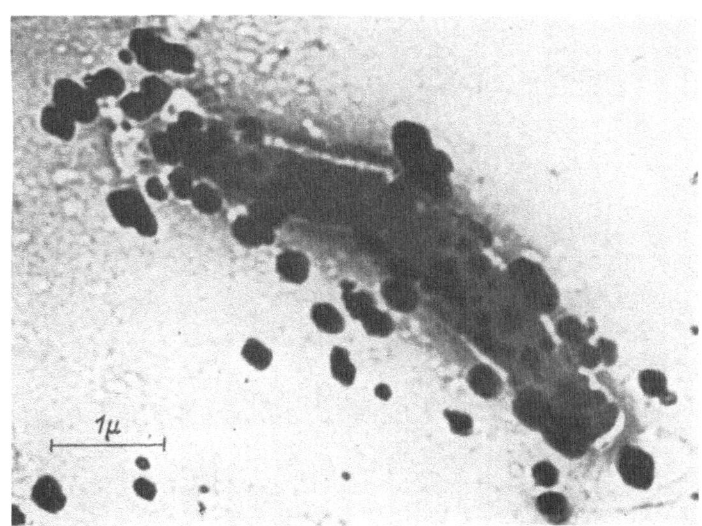

Lungenentzündung und Tuberkulose.

Die Bilder zeigen zwei gefährliche Krankheitserreger, und zwar ein Bakterium Friedländer (oberes Bild), den gefürchteten Erreger der Lungenentzündung und den Tuberkelbazillus (Typus bovinus).

Gölz und Volmer.	Elektr. Aufn.	Vergr.: 16 000 fach.
Jakob und Mahl.	Elektr. Aufn.	Vergr.: 16 000 fach.

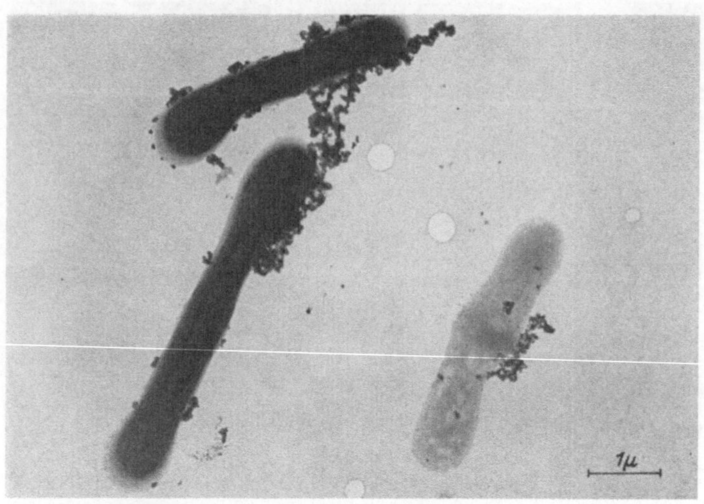

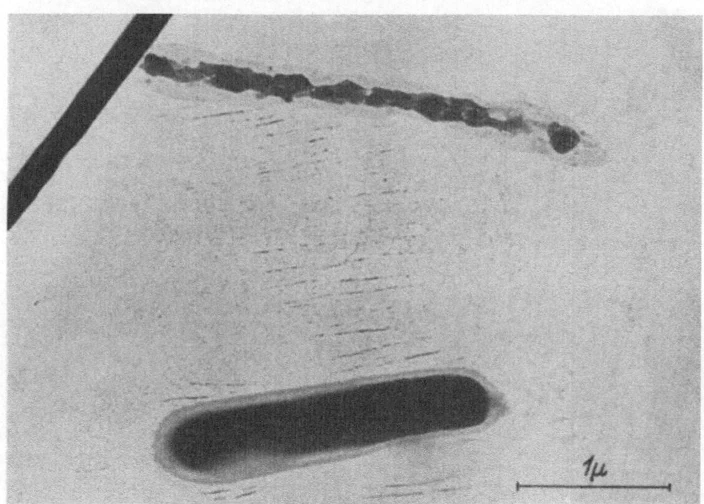

Cholera und Fleischvergiftung.

Der Cholera-Bazillus (oberes Bild), von Robert Koch entdeckt, ist in den warmen Ländern ein gefährlicher Seuchenerreger. — Die Fleischvergiftung wird unter anderem durch den Botulinus-Bazillus (unteres Bild) bedingt, der durch sein schweres Gift oft tötlich wirkt.

Gölz und Volmer.	Elektr. Aufn.	Vergr.: 10 000 fach.
Jakob und Kinder.	Magnet. Aufn.	Vergr.: 20 000 fach.

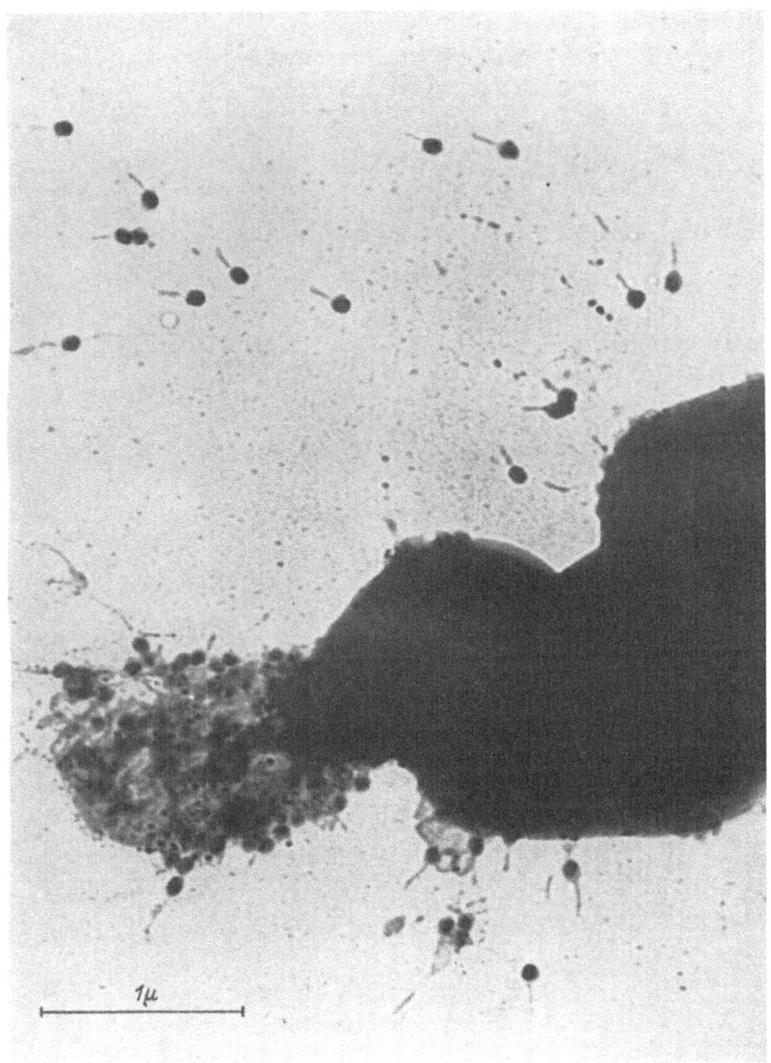

Ruhrbakterien mit Bakteriophagen.

Ruhr E ist eine beim Menschen häufig auftretende Infektionskrankheit. In neuerer Zeit werden zur Heilung der Ruhr mit Erfolg Bakteriophagen (Bakterienfresser) verwendet, die sich im Übermikroskop als kleine ovale Körperchen mit einem strichartigen Schwanz erweisen. Sie greifen, wie das Bild zeigt, die *Ruhrkeime an und* vermögen sie zu zerstören.
Jakob und Mahl. Elektr. Aufn. Vergr.: 28 000 fach.

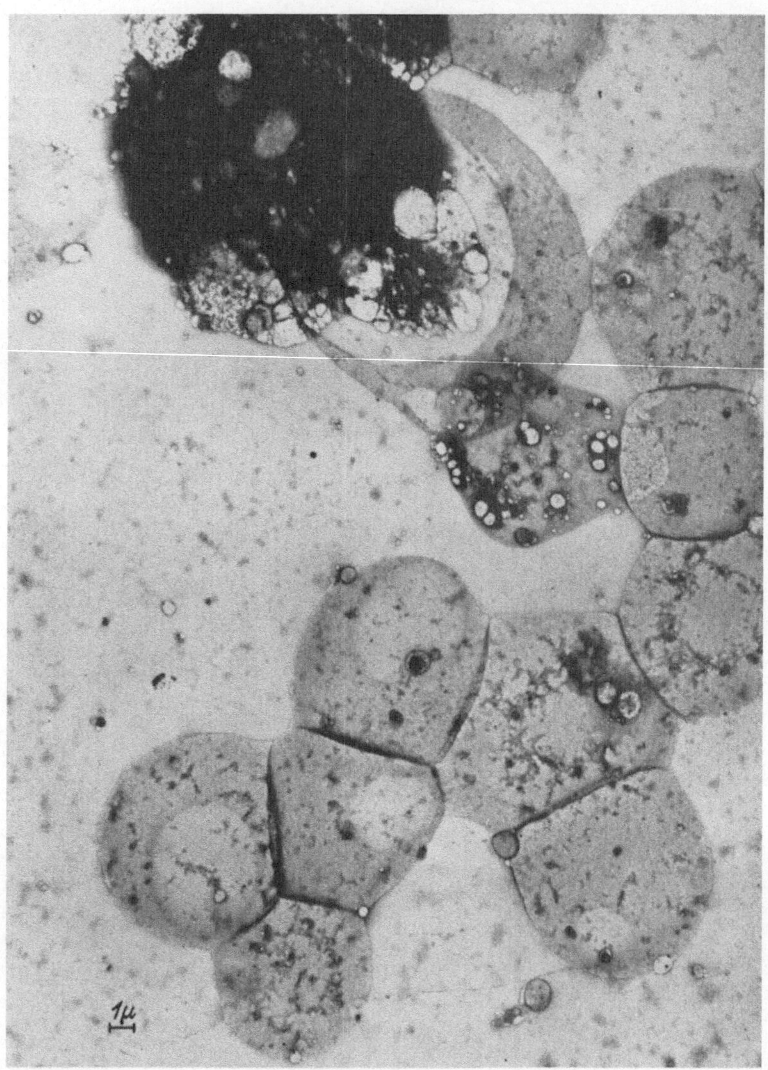

Blutkörperchen.

Weiße Blutkörperchen treten bei der Myeloischen Leukämie, einer sehr schweren Blutkrankheit, in viel zu großer Zahl im Blutstrom auf. Auf dem Bild sind oberhalb der roten Blutkörperchen eines Leukämiekranken, die durch Hämolyse ausgelaugt sind, ein weißes Blutkörperchen zu erkennen, das mit seiner kammerartigen Architektur den Krebszellen etwas ähnlich ist (vgl. S. 162).

Jakob und Mahl. Elektr. Aufn. Vergr.: 4000 fach.

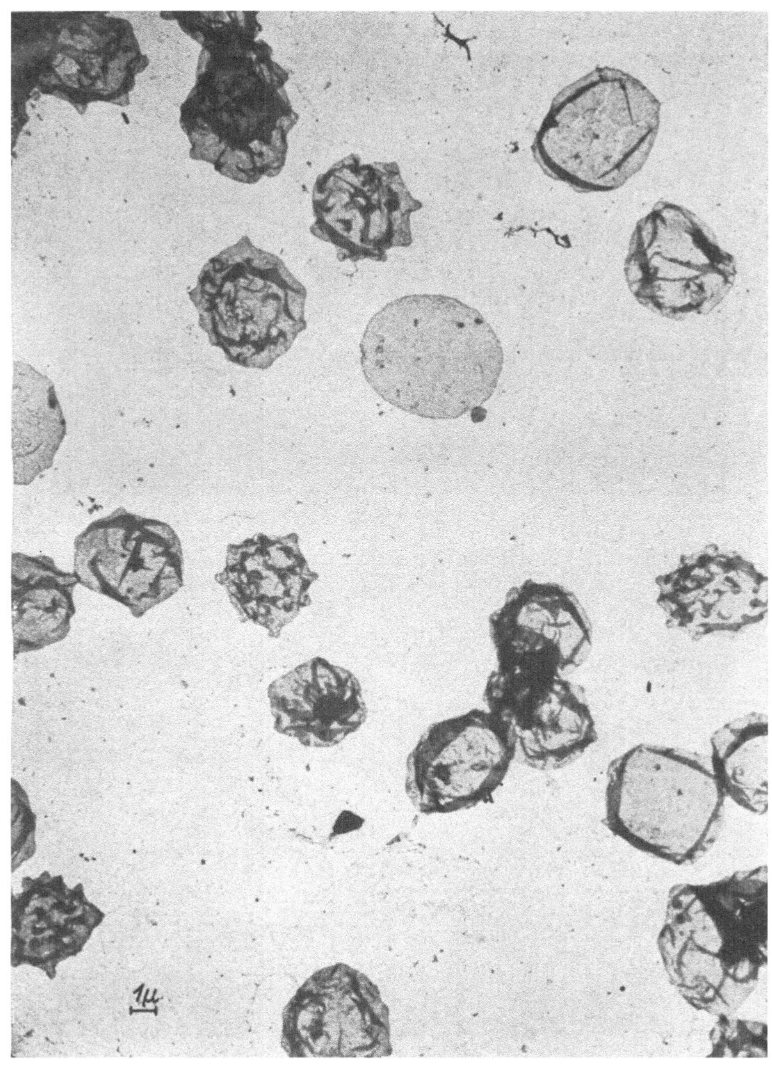

Blutkörperchen von Stechapfelform.

Wenn normale rote Blutkörperchen eingreifenden äußeren Einflüssen ausgesetzt werden, bildet sich die Stechapfelform, die in einer Faltung der Blutkörpermembran (Hülle) besteht.

Jakob u. Mahl. Elektr. Aufn. Vergr.: 3000 fach.

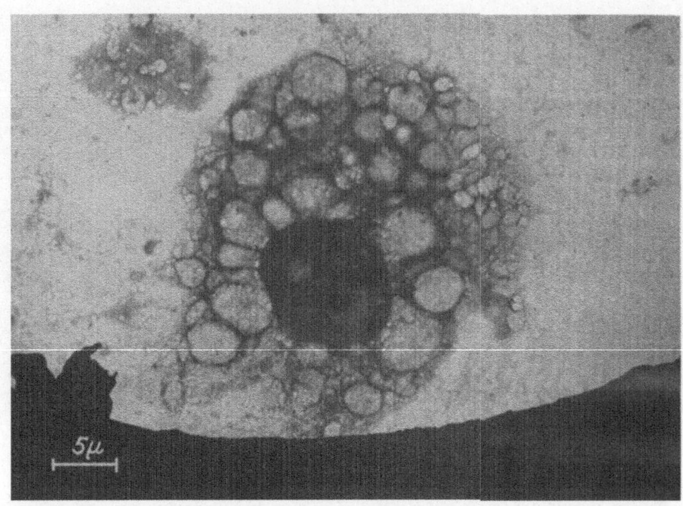

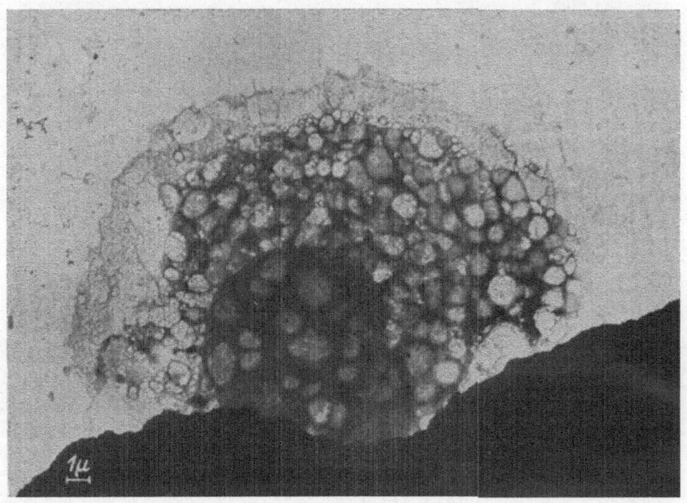

Krebszellen.

Die Bilder zeigen Krebszellen aus dem Exsudat einer mit Ehrlich'schem Asziteskarzinom infizierten Maus. Der runde Kern ist von einem weitverzweigten bienenwabenartigen Vakuolensystem umgeben, das sonst im allgemeinen Protoplasma genannt wird.

Gölz und Jakob. Elektr. Aufn. Vergr.: 1800 fach.
Jakob und Mahl [140]. Elektr. Aufn. Vergr.: 3000 fach.

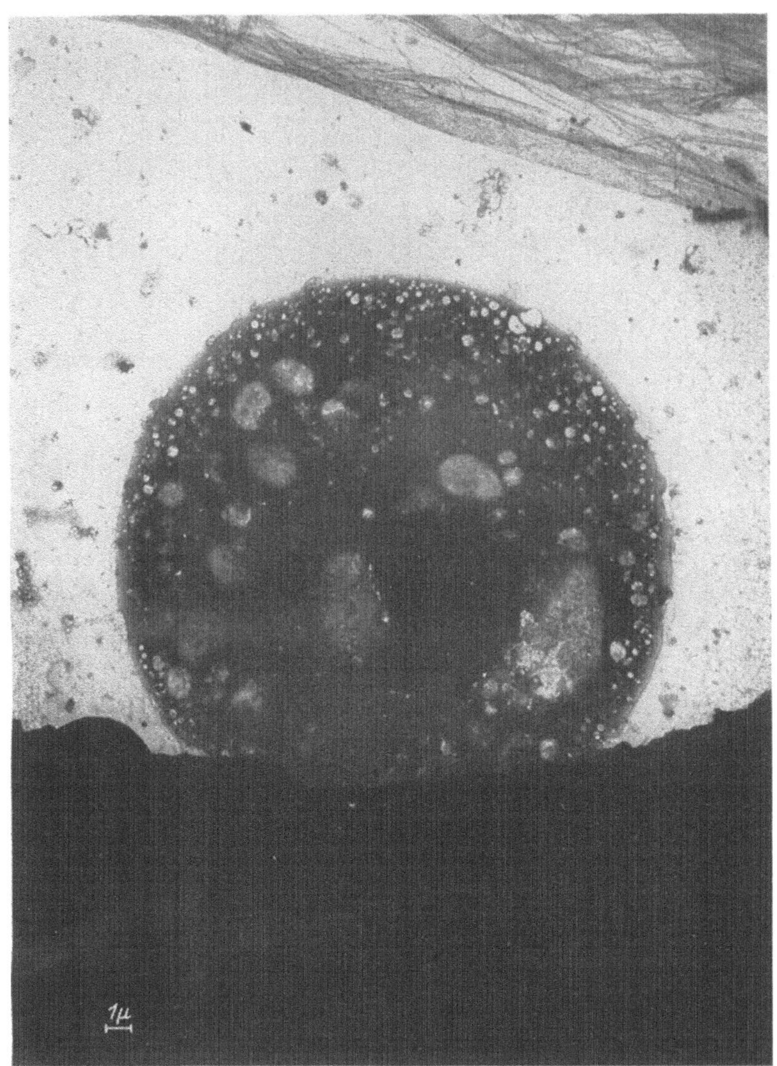

Normale Exsudatzelle.

Solche Zellen findet man im Exsudat der Bauchhöhle von krebskranken und krebsfreien Mäusen. Die Annahme liegt daher nahe, daß es sich um eine normale Exsudatzelle handelt und nicht um eine Krebszelle. Protoplasma und Kern der Zelle, die in ihrer Gesamtheit von einer Zellmembran umgeben zu sein scheinen, sind nicht getrennt zu erkennen.

Gölz und Jakob. Elektr. Aufn. Vergr.: 3500 fach.

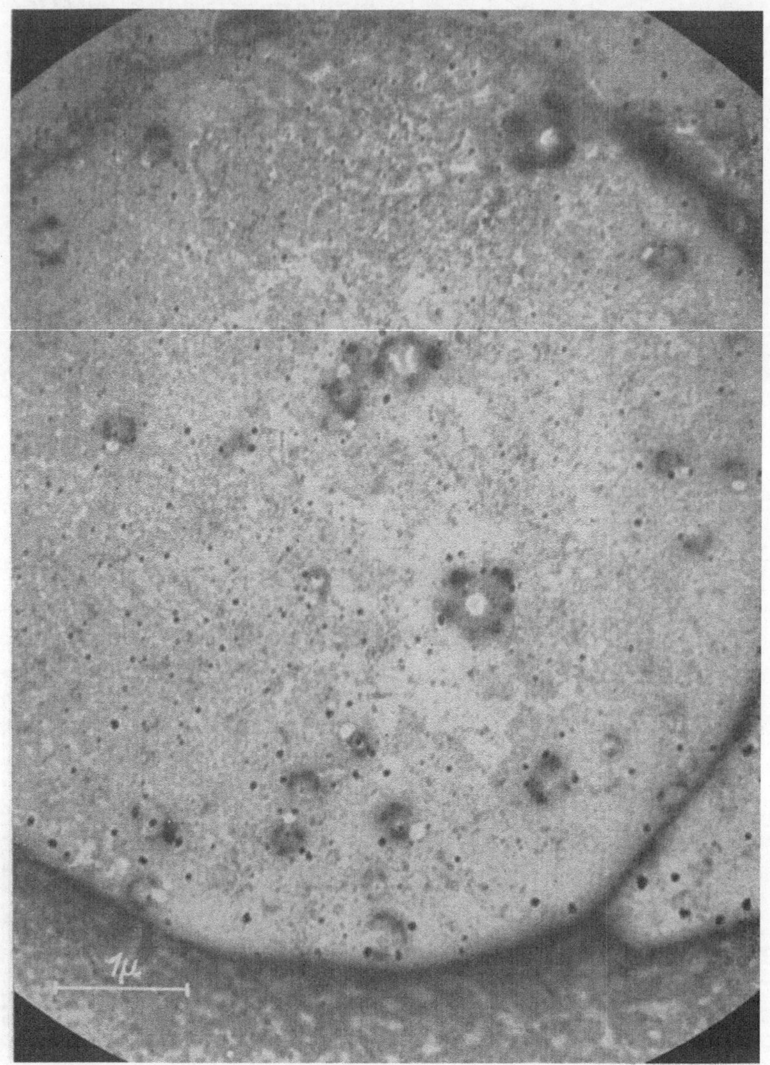

Pocken-Virus-Präparat.

Das Präparat wurde aus der Augenhornhaut eines Kaninchens gewonnen, das mit Variola-Vakzine-Virus (Pocken-Virus) infiziert war. Das Präparat weist zahlreiche Gebilde auf, die als Elementarkörperchen (Viruskörperchen) gedeutet wurden.

Haagen und Volmer. Elektr. Aufn. Vergr.: 20 000 fach.

VIII. Veröffentlichungen.

Unsere Buch-Veröffentlichungen über geometrische Elektronenoptik.

1934

Geometrische Elektronenoptik[1]).

E. Brüche u. O. Scherzer.

Springer-Verlag. 332 Seiten.

Aus dem Vorwort:

„Selbst die grundlegende Arbeit von Busch, die den mathematischen Existenzbeweis der magnetischen Linse brachte, führte noch nicht unmittelbar zum Ausbau der geometrischen Elektronenoptik, wenn sie zweifellos auch Fundament und Antrieb der neueren Entwicklung darstellt. Den nächsten Schritt vorwärts bedeutete die Erkenntnis, daß man brauchbare Elektronenlinsen ebenfalls mit elektrischen Feldern herzustellen vermag. ... So trat der magnetischen Elektronenoptik mit ihren Eigentümlichkeiten hinsichtlich Konstanz der Elektronengeschwindigkeit, Bahnverschraubung und Bildverdrehung die elektrische Elektronenoptik als eigentliches Analogon zur geometrischen Lichtoptik an die Seite.

Doch auch diese engere Analogie hätte kaum zum weiteren Ausbau der geometrischen Elektronenoptik veranlassen können, wenn nicht erstens experimentell gezeigt worden wäre, daß — was kaum zu erwarten war — die Erzielung einwandfreier Abbildungen mit Elektronen nicht an sekundären Effekten scheitert, und wenn nicht zweitens die ferne Hoffnung auf die Überschreitung der Auflösungsgrenze des Mikroskops bestanden hätte ... Wir stehen zur Zeit auf jener Stufe, wo die erste stürmische Entwicklung in die ruhigen Bahnen systematischer Feinarbeit übergehen muß. Die Verfasser glauben, daß eine organische Darstellung, die eine Übersicht über das bereits Erreichte, über die großen Zusammenhänge dieses Gebietes und die nächsten Aufgaben ermöglicht, einen merklichen Impuls für die Weiterentwicklung geben kann ...

---

1) *Dieser Monographie folgte* in der Literatur erst nach 5 Jahren das zweite Buch über das gleiche Gebiet. Heute gibt es mehrere deutsche und ausländische Darstellungen über geometrische Elektronenoptik.

So möge denn diese Monographie der Weiterentwicklung der Mikroskopie, der Metallurgie, der Massenspektrographie, dem Fernsehen und anderen Disziplinen, die von der Entwicklung der geometrischen Elektronenoptik berührt werden, von Nutzen sein! Möge sie neue physikalische Arbeiten und technische Entwicklungen anregen helfen und so auch einen bescheidenen Anteil an der Lösung größerer Fragen haben!"

Schlußsatz:

„Das Ziel der Verfasser war, mit der quasioptischen Betrachtungsweise der Bewegung geladener Teilchen vertraut zu machen, denn für die Zukunft wird diese natürliche und einfache Betrachtungsweise bei Problemen der Elektronenbewegung ebenso unumgänglich sein wie es die optische für die Strahlengänge des Lichtes ist."

1937

Beiträge zur Elektronenoptik.

Vorträge von der Physikertagung 1936
sowie ergänzende Beiträge
herausgegeben von
H. Busch und E. Brüche.
Verlag: Johann Ambrosius Barth. 156 Seiten.

Aus dem Vorwort:

„Das vorliegende Buch verdankt seine Entstehung der Physiker-Tagung 1936 in Bad Salzbrunn, wo die geometrische Elektronenoptik Gegenstand des ersten Hauptthemas war. Der an uns als die Einführenden ergangenen Anregung des Verlages, die im Rahmen dieses Hauptthemas gehaltenen Vorträge in Buchform herauszugeben, sind wir trotz einiger anfänglicher Bedenken gern nachgekommen. Denn einmal schien uns bei dem schnellen Entwicklungstempo der Elektronenoptik und ihrer wachsenden technischen Bedeutung ein Bedürfnis zu bestehen, über die seit Erscheinen der Monographie von Brüche und Scherzer erreichten Fortschritte einen auch einem weiteren Leserkreise leicht zugänglichen Überblick zu geben, zum anderen ergab sich so eine erwünschte Gelegenheit, diejenigen Salzbrunner Vorträge, die aus äußeren Gründen nicht in den Tagungsheften der wissenschaftlichen Zeitschriften erscheinen konnten, zum Abdruck zu bringen."

Aus dem Forschungs-Institut der AEG stammen folgende Beiträge:

E. Brüche, Experimentelle Elektronenoptik und ihre Anwendung.
A. Recknagel, Elektronenspiegel und Elektronenlinse.
H. Mahl, Das elektronenoptische Strukturbild und seine Anwendung.
W. Schaffernicht u. H. Katz, Der elektronenoptische Bildwandler.

1941

Elektronengeräte[1]).

E. Brüche u. A. Recknagel.

Springer-Verlag. 447 Seiten.

In den sechs Jahren, die seit Erscheinen des ersten Buches über die geometrische Elektronenoptik vergangen sind, hat sich das junge Gebiet kräftig weiterentwickelt. Die Theorie ist ausgebaut worden und die neue Auffassung der Elektronenbewegung hat erfreuliche praktische Konsequenzen gezeitigt. So ist z. B. die Braunsche Röhre unter Mitwirkung der Elektronenoptik zu der Form der lang erstrebten Hochvakuumröhre gelangt, die heute bereits einen hohen technischen Stand hat; so ist ferner das Übermikroskop verwirklicht und schon fast als Gebrauchsgerät anzusprechen. Wie lebhaft die Entwicklung allein bei diesen beiden Entwicklungszweigen war, zeigt die Tatsache, daß inzwischen ausführliche Darstellungen in Buchform über diese Themen erschienen sind.

Bei dieser Sachlage schien es zweckmäßig zu sein, die in der Erstauflage bereits vorhandene Hauptunterteilung in Grundlagen und Anwendungen durch Zerlegen des ursprünglichen Werkes in zwei Bücher zu erweitern. Während die reine geometrische Elektronenoptik später eine lehrbuchartige Behandlung finden soll, sei zunächst die angewandte geometrische Elektronenoptik in neuer Fassung vorgelegt.

Für die Neuauflage dieses zweiten Teiles war zu berücksichtigen, daß es nun nicht mehr, wie bei der Erstauflage, genügte, an den drei Beispielen Braunsche Röhre, Elektronenmikroskop und Materiespektrograph die elektronenoptische Auffassung zu erläutern. Vielmehr sollte danach gestrebt werden, die Mannigfaltigkeit der Elektronengeräte, d. h. der Geräte, für die die Bewegung von freien Elektronen charakteristisch ist, unter elektronenoptischen Gesichtspunkten zu behandeln. Dabei mußte der Elektronenoptik das Schicksal zuteil werden, das allen anregenden Ideen beschieden ist. Sie müssen gegenüber dem, was sie geleistet haben, zurücktreten. So entstand praktisch ein neues Buch: „Die Elektronengeräte."

Zehn Jahre Elektronenmikroskopie.

Ein Selbstbericht des AEG Forschungs-Instituts.
herausgegeben von Prof. Dr. C. Ramsauer.

Springer-Verlag. 128 Seiten.

Die kleine Schrift soll über den engen Kreis der Fachleute hinaus der Allgemeinheit einen Einblick in unsere nunmehr zehnjährige Arbeit auf dem Gebiete der Elektronenmikroskopie geben.

---

[1]) Neuauflage des zweiten Teils: „Anwendungen" des vorstehend genannten Buches von Brüche und Scherzer.

Unsere Zeitschriften-Veröffentlichungen über geometrische Elektronenoptik.

(Titel gekürzt.)

Nr.	Autor	Titel	Zeitschrift	Bd.	S.
		1930			
1	Brüche	Strahlen langsamer Elektronen	Petersen, Forschg. und Technik	—	24
		1932			
2	Brüche	Elektronenmikroskop	Naturwiss.	20	49
3	Brüche u. Johannson	Elektronenoptik und Elektronenmikroskop	Naturwiss.	20	353
4	Dobke	Eine neue Braunsche Röhre	Z. techn. Phys.	13	432
5	Brüche	Geometrie d. Beschleunigungsfeldes	Z. Phys.	78	26
6	Brüche u. Johannson	Kinematogr. Elektronenmikroskopie	Ann. Phys.	15	145
7	Schulz	Abbildung durch geschichtete Medien	Z. Phys.	78	17
8	Brüche u. Johannson	Einige neue Kathodenuntersuchungen	Phys. Z.	33	898
9	Johannson u. Scherzer	Über die elektr. Elektronensammellinse	Z. Phys.	80	183
		1933			
10	Scherzer	Theorie elektronenopt. Linsenfehler	Z. Phys.	80	193
11	Brüche	Grundlagen der Elektronenoptik	Z. techn. Phys.	14	49
12	Brüche	Optik der Braunschen Röhre	Arch. Elektrot.	27	266
13	Brüche	Geometrische Elektronenoptik	Jb. AEG-Forschg.	3	111
14	Brüche	Braunsche Röhre als Sychronoskop	Arch. Elektrot.	27	609
15	Brüche u. Johannson	Barium-Aufdampfkathode	Z. Phys.	84	56
16	Johannson	Immersionsobjektiv d. Elektronenoptik	Ann. Phys.	18	385
17	Johannson u. Knecht	Kombinierte Benutzung von Elektronenlinsen	Z. Phys.	86	367
18	Brüche	Abbildung mit lichtelektr. Elektronen	Z. Phys.	86	448
19	Richter	Emissionssubstanz auf Kathoden	Z. Phys.	86	697
20	Brüche u. Scherzer	Braunsche Röhre als elektronenoptisches Problem	Z. techn. Phys.	14	464
21	Brüche u. Johannson	Kristallographische Untersuchungen	Z. techn. Phys.	14	487
22	Henneberg	Massenspektrographie I	Ann. Phys.	19	335
		1934			
23	Henneberg	Massenspektrographie II	Ann. Phys.	20	1
24	Knecht	Komb. Licht- u. Elektronenmikroskop	Ann. Phys.	20	161
25	Brüche	Braunsche Röhre als Problem der Elektronenoptik	Arch. Elektrot.	28	384
26	Brüche u. Scherzer	Geometrische Elektronenoptik	Buch (Springer)	—	—
27	Henneberg	Achromatische elektr. Elektronenlinsen	Z. Phys.	90	742
28	Johannson	Immersionssystem als System der Braunschen Röhre	Z. Phys.	90	748
29	Brüche	Zu zwei Veröffentl. ü. Elektronenoptik	Z. Phys.	92	215
30	*Johannson*	*Immersionsobjektiv II*	Ann. Phys.	21	274
31	Henneberg	Massenspektrographie III	Ann. Phys.	21	390
32	Brüche u. Knecht	Eisenumwandlung	Z. techn. Phys.	15	461
33	Heß	Immersionslinse I	Z. Phys.	92	274
34	Pohl	Lichtelektrische Abbildung	Z. techn. Phys.	15	579
35	Fünfer	Voltmeter a. elektronenoptischer Grundlage	Z. techn. Phys.	15	582
36	Brüche u. Knecht	Auflösung des Immersionsobjektivs	Z. Phys.	92	462
37	Brüche	Schichtenuntersuchung	Kolloid-Z.	69	389

		1935		Bd.	S.
38	Brüche	Grundlagen d. angew. Elektronenoptik	Arch. Elektrot.	29	79
39	Henneberg	Low-Voltage Electron Microscope	J. E. E.	76	111
40	Mahl	Abbildung von Mineralien	Mineral. M.	46	289
41	Henneberg	Potential von Schlitz- u. Lochblende	Z. Phys.	94	22
42	Schaffernicht	Umwandlung von Licht- in Elektronenbilder	Z. Phys.	93	762
43	Brüche u. Knecht	Eisenumwandlung	Z. techn. Phys.	16	95
44	Henneberg	Das Elektronenmikroskop	ETZ	56	853
45	Brüche	Zur Braunschen Hochvakuumröhre	Arch. Elektrot.	29	642
46	Schenk	Emissionsverteilung a. kristalliner Kathode	Ann. Phys.	23	240
47	Henneberg	Auflösung des Elektronenmikroskops	Z. Instr. K.	55	300
48	Henneberg u. Recknagel	Chromatischer Fehler b. Bildwandler	Z. techn. Phys.	16	230
49	Mahl u. Pohl	Lichtelektrische Abbildungen	Z. techn. Phys.	16	219
50	Stabenow	Magnetische Linse ohne Bilddrehung	Z. Phys.	96	634
51	Glaser u. Henneberg	Potential von Schlitz- u. Lochblende	Z. techn. Phys.	16	222
52	Brüche u. Schaffernicht	Elektronenopt. Fragen auf dem Fernsehgeb.	ENT	12	381
53	Brüche	Elektronenoptisches Strukturbild	Z. Phys.	98	77
54	Henneberg u. Recknagel	Elektronenlinse, Elektronenspiegel und Steuerung	Z. techn. Phys.	16	621
55	Brüche u. Mahl	Thorierte Wolfram und Molybdän I	Z. techn. Phys.	16	623
56	Recknagel	Emissionskonstanten von Ein- und Vielkristallen	Z. Phys.	98	355
57	Mahl	Abbildung von emittierenden Drähten	Z. Phys.	98	321
		1936			
58	Brüche (Schaffernicht)	Fortschritte der Elektronenoptik	Jb. AEG-Forschg.	4	25
59	Schenk	Glühemissionsbild von Nickel	Z. Phys.	98	753
60	Brüche u. Mahl	Abbildung von thoriertem Wolfram II	Z. techn. Phys.	17	81
61	Brüche u. Recknagel	Modelle elektr. und magnet. Felder	Z. techn. Phys.	17	126
62	Behne	Immersionsobjektiv für schnelle Elektronen	Ann. Phys.	26	372
63	Behne	Folienabbildung	Ann. Phys.	26	385
64	Mahl u. Schenk	Einfluß der Gleitspurebenen	Z. techn. Phys.	101	117
65	Boersch	Primäres u. sekundäres Bild im Elektronenmikroskop I	Ann. Phys.	26	631
66	Brüche u. Recknagel	Dimensionsbeziehung I	Z. techn. Phys.	17	241
67	Brüche u. Mahl	Thoriertes Wolfram und Molybdän III	Z. techn. Phys.	17	262
68	Boersch	Primäres u. sekundäres Bild im Elektronenmikroskop II	Ann. Phys.	27	75
69	Behne	Zur Kenntnis der Immersionslinse II	Z. Phys.	101	521
70	Hottenroth	Über Elektronenspiegel	Z. Phys.	103	460
71	Brüche u. Henneberg	Geometrische Elektronenoptik	Erg. exakt. Nat.	15	365
72	Recknagel	Zur Theorie des Elektronenspiegels	Z. techn. Phys.	17	643
73	Mahl	Sauerstoffeinfluß auf die Glühemission	Z. techn. Phys.	17	653
74	Brüche	Exper. Elektronenoptik und Anwendung	Z. techn. Phys.	17	588
75	Brüche	Ausstellung Elektronenoptik	Z. techn. Phys.	17	622
76	Schaffernicht	Der elektronenoptische Bildwandler	Z. techn. Phys.	17	596
		1937			
77	Recknagel	Zur Theorie des Elektronenspiegels	Z. Phys.	104	381
78	Recknagel	Elektronenspiegel und Elektronenlinse	Beiträge zur Elektronenoptik	—	42
79	Mahl	Das elektronenoptische Strukturbild	Beiträge zur Elektronenoptik	—	73
80	Brüche	Geometrische Elektronenoptik	Schröter: Ferns.	—	87
81	Brüche u. Recknagel	Dimensionsbeziehung II	Z. techn. Phys.	18	139
82	*Mahl*	Feldemission geschichteter Kathoden	Naturwiss.	25	459
83	Hottenroth	Untersuchungen über Elektronenspiegel	Ann. Phys.	30	689

				Bd.	S.
84	Boersch	Abbildung von Dampfstrahlen	Z. Phys.	107	493
85	Katz	Elektronendurchgang durch Metallfolien	Z. techn. Phys.	18	555
86	Mahl	Feldemission a. geschichteten Kathoden I	Z. techn. Phys.	18	559
87	Mrowka	Kristallgitterstruktur und Glühemission	Z. techn. Phys.	18	572
88	Boersch	Bänder bei Elektronenbeugung	Z. techn. Phys.	18	574
		1938			
89	Recknagel	Intensitätssteuerung v. Elektronenströmen	Hochfrequenzt. u. Elektroak.	51	66
90	Mahl	Elektronenopt. Kathodenabbild. in einer Gasentladung	Ann. Phys.	31	425
91	Brüche	Elektronenbewegung	Jb. AEG-Forschg.	5	27
92	Schaffernicht u. Steudel	Elektronengeräte	Jb. AEG-Forschg.	5	66
93	Mahl	Ionen- und Elektronenemission	Z. Phys.	108	771
94	Katz	Durchgang v. Elektronen durch Folien I	Ann. Phys.	33	160
95	Katz	Durchgang v. Elektronen durch Folien II	Ann. Phys.	33	169
96	Mahl	Feldemission a. geschichteten Kathoden II	Z. techn. Phys.	19	313
97	Boersch	Zur Bilderzeugung im Mikroskop	Z. techn. Phys.	19	337
		1939			
98	Mahl	Aufnahmen mit dem elektr. Übermikroskop	Naturwiss.	27	417
99	Boersch	Das Schattenmikroskop, ein neues Übermikroskop	Naturwiss.	27	418
100	Recknagel	Elektronenlinse mit Laufzeiterscheinungen	Jb. AEG-Forschg.	6	78
101	Neßlinger	Über Achromasie von Elektronenlinsen	Jb. AEG-Forschg.	6	83
102	Mahl	Elektrostat. Elektronenmikroskop hoher Auflösung	Z. techn. Phys.	20	316
103	Brüche u. Haagen	Übermikroskop in der Bakteriologie	Naturwiss.	27	809
104	Boersch	Das Elektronen-Schattenmikroskop	Z. techn. Phys.	20	346
		1940			
105	Brüche	Verwendung elektr. und magnet. Felder	TFT	29	1
106	Mahl	Metallkundliche Untersuchungen	Z. techn. Phys.	21	17
107	Mahl	Stereoskopische Aufnahmen	Naturwiss.	28	264
108	Mahl	Das elektrostat. Elektronen-Übermikroskop und Anwendungen in der Kolloidchemie	Kolloid-Z.	91	105
109	Ramsauer	Entwicklung des Übermikroskops	Jb. AEG-Forschg.	7	1
110	Brüche	10 Jahre Entwicklung	Jb. AEG-Forschg.	7	2
111	Brüche	Zweipolsystem als Ziel rein elektr. Abbildungsgeräte	Jb. AEG-Forschg.	7	9
112	Recknagel	Fehler von Elektronenlinsen	Jb. AEG-Forschg.	7	15
113	Kinder u. Pendzich	Neue magnetische Linse kleiner Brennweite	Jb. AEG-Forschg.	7	23
114	Boersch	Problem der Bildentstehung	Jb. AEG-Forschg.	7	27
115	Boersch	Elektronen-Schattenmikroskop	Jb. AEG-Forschg.	7	34
116	Mahl	Das elektrostatische Übermikroskop	Jb. AEG-Forschg.	7	43
117	Gölz	Spannungsfestigkeit der Elektrodenmetalle für die Linse des Übermikroskops	Jb. AEG-Forschg.	7	57
118	Brüche u. Gölz	Einschleusung von Objekt und Platte	Jb. AEG-Forschg.	7	60
119	Mahl	Übermikroskop in Kolloidchemie und Metallurgie	Jb. AEG-Forschg.	7	67
120	Jakob u. Mahl	Übermikroskop in der Bakteriologie	Jb. AEG-Forschg.	7	77
121	Mahl	Plastisches Abdruckverfahren	Metallwirtschaft	19	488
122	Döring u. Mayer	Geschwindigkeitsgesteuerte Laufzeitröhren	ETZ	61	685
				61	713
123	Henneberg	Übermikroskop mit elektrostat. Linsen	ETZ	61	773

				Bd.	S.
124	Jakob u. Mahl	Kapseldarstellung bei Anaerobiern	Arch. Zellforschg.	24	87
126	Kinder	Übermikroskopie mit höheren Spannungen	Z. techn. Phys.	21	222
127	Boersch	Fresnelsche Elektronenbeugung	Naturwiss.	28	709
128	Boersch	Fresnelsche Beugungserscheinungen im Übermikroskop	Naturwiss.	28	711
129	Mahl	Orientierungsbestimmung v. Aluminium-Einzelkristallen a. übermikroskopischem Wege	Metallwirtschaft	19	1082
130	Recknagel	Sphärische Aberration bei elektronenopt. Abbildung	Z. Phys.	117	67
131	Mahl	Übermikroskop. Elektronenbilder von durchstrahlten Objekten	Z. angew. Photographie	2	58
132	Brüche	10 Jahre Elektronenmikroskopie bei d. AEG	AEG-Mittlg.	—	302
		1941			
133	Mahl	Oxydische Oberflächenfilme	Korrosion u. Metallschutz	17	1
134	Kinder	Beobachtungen an Magnesiumoxydkristallen	Z. techn. Phys.	22	21
135	Brüche u. Recknagel	Elektronengeräte	Buch (Springer)	—	—
136	Ramsauer	10 Jahre Elektronenmikroskopie	Buch (Springer)	—	—
137	Brüche	Entwicklung des Elektronen-Übermikroskops	VDJ-ZS.	85	221
138	Mahl	Plastisches Abdruckverfahren bei Oberflächen	Z. techn. Phys.	22	33
139	Mahl	Neue Ergebnisse auf metallurgischem Gebiet	ZS. f. Metallkunde	33	68
140	Jakob	Tumor-Asciteszellen	Klin. Wochenschr.	20	719
141	Kinder	Jochlinsen-Übermikroskop. Anwendungen in der Kolloidchemie	Kolloid-ZS.	95	326
142	Mahl	Elektronenstrahlschäden bei Zellulosefasern	Kolloid-ZS.	96	7
143	Henneberg	Elektronenmikroskop, Übermikroskop u. Metallforschung	Stahl u. Eisen	61	769
144	Mahl	Metallkundliche Untersuchungen	D. Chemische Fabrik	14	279
145	Recknagel	Theorie des Elektronenmikroskops für Selbststrahler	Z. Phys.	117	689
146	Mahl	Aluminium-Ätzstrukturen	Zentralbl. f.. Mineralogie Abt. A	—	182
147	Mahl	Nachweis von Ausscheidungen	Metallwirtschaft	20	983

Geometrische Elektronenoptik.

Grundlagen und Anwendungen.

Von E. Brüche und O. Scherzer.

Mit einem Titelbild und 403 Abbildungen. XII, 332 Seiten. 1934.
Geheftet RM 26,—.

Aus dem Inhalt:

Teil A. Grundlagen.

Allgemeine Grundlagen der Elektronenoptik: — Welle und Korpuskel. — Zur Analogie zwischen Licht und Elektron. — Geometrische Licht- und Elektronenoptik. — Die brechenden Medien der Elektronenoptik: — Allgemeines über elektronenoptische Medien. — Elektrische Potentialfelder. — Magnetische Felder. — Die Brechungselemente der Elektronenoptik: — Elektrische Linsen. — Magnetische und kombinierte Linsen. — Ablenkelemente und Zylinderlinsen. — Raumladungsfelder: — Gaskonzentration. — Elektronenoptische Wirkungen des Kathodenfalls.

Teil B. Anwendungen.

Die Braunsche Röhre: — Braunsche Röhre und Elektronenoptik. — Braunsche Röhre mit ruhender Optik. — Braunsche Röhre mit bewegter Optik. — Neuere Entwicklung der Braunschen Röhre. — Das Elektronenmikroskop: — Die elektronenmikroskopischen Systeme. — Methodisches zur elektronenmikroskopischen Abbildung. — Elektronenmikroskopie von Glühkathoden. — Ausbau der Elektronenmikroskopie. — Der Spektrograph: — Spektrographie von Materiestrahlen. — Spektrographie einparametriger Strahlung. — Spektrographie zweiparametriger Strahlung.

Aus den Besprechungen:

Professor K. W. Wagner in der „Elektrischen Nachrichtentechnik“: Für die Herausgabe der ersten systematischen Darstellung dieses Gebietes gebührt den Verfassern der Dank der Fachwelt.

Professor Sommerfeld in der „Elektrotechischen Zeitschrift“: Ein wertvolles, fesselnd geschriebenes Buch mit reichem Inhalt.

Professor Joos in der „Physikalischen Zeitschrift“: Dieses aus dem Forschungs-Laboratorium der AEG hervorgegangene prächtige Werk steht wissenschaftlich auf einem so hohen Niveau, daß mancher „reine“ Physiker neiderfüllt zu ihm aufblicken mag.

Professor Mark in der „Metallwirtschaft“: Das ganze Buch wirkt durch die Durchdringung von Experiment und Theorie besonders anziehend. Saubere und wohldurchdachte Abbildungen vermitteln das Verständnis in ungewöhnlich anschaulicher Weise.

Professor Gehrts in der „Zeitschrift für technische Physik“: Daß die Elektronenoptik eine derartige Bedeutung für die technische Physik in so kurzer Zeit erreichen konnte, verdankt sie vornehmlich der rastlosen Arbeit der Verfasser und ihrer Mitarbeiter.

Elektronengeräte.

Prinzipien und Systematik.

Von Dr.-Ing. habil E. Brüche,
unter Mitarbeit von Dr. phil. A. Recknagel.

(Neuauflage des zweiten Teils, „Anwendungen", von Brüche - Scherzer, Geometrische Elektronenoptik.)

Mit 597 Abbildungen und 10 Großbildern. XVI, 447 Seiten.
Geheftet RM 45,—, Ganzleinen RM 48,—

Aus dem Inhalt:

I. Teil. Die Elektronenbewegung unter technischen Gesichtspunkten:

Die Elektronenbewegung im statischen Feld: — Die Bewegung eines Elektrons. — Das Elektronenbündel unter optischen Gesichtspunkten. — Besonderheiten des elektronenoptischen Strahlenganges. — Die Elektronenbewegung im Hochfrequenzfeld: — Fragen der Bewegung. — Energetische Fragen. — Prinzipielle Fragen: — Befreiung von Elektronen aus dem Metall. — Elektronenoptische Führungsprinzipien. — Wahl der Energiegröße. — Steuerungs-Prinzipien. — Wiedereintritt der Elektronen ins Metall. — Wechselwirkung mit dem äußeren Stromkreis. — Kunstgriffe der Strahlführung: — Wahl und Gestaltung des Feldes. — Geschwindigkeitseinfluß. — Fragen der Geometrie des Strahlenganges. — Mehrfachanwendung. — Rückwirkung und Rückkopplung. — Aufbauelemente: — Quelle der Ladungsträger. — Beeinflussungselemente mit statischen Feldern. — Beeinflussungselemente mit Wechselfeldern. — Nachweis der Ladungsträger.

II. Teil. Aufbau der Geräte:

Intensitätsgeräte: — Einfachste Intensitätsgeräte zum Umsatz von Strahlung in Strom (Photozelle). — Intensitätsgeräte mit Sekundär-Elektronen-Verstärkung (Vervielfacher). — Weitere Intensitätsgeräte mit Verstärkung. — Intensitätsgeräte mit Steuerung (Elektronenröhre). — Lenard- und Röntgenröhre: — Lenard- und Röntgenröhre unter einheitlichen Gesichtspunkten. — Höchstspannungsröhre. — Einzelheiten über die Röntgenröhre. — Verwandte Röhrenformen. — Strahlgeräte: — Zur Theorie der Braunschen Röhre ohne Gaskonzentration. — Kaltkathoden-Oszillograph. — Glühkathoden-Gaskonzentrations-Röhre. — Glühkathoden-Hochvakuum-Röhre. — Strahlgeräte als Bildfeldzerleger. — Abbildungsgeräte: — Abbildung mit Elektronen. — Elektronenmikroskop geringer Vergrößerung. — Elektronen-Übermikroskop. — Bildwandler. — Laufzeit-Geräte: — Richtungsänderungen im Hochfrequenzfeld. — Erzeugung schneller Teilchen (Vielfachbeschleuniger). — Stromverstärkung (Vervielfacher). — Erregung von Schwingungen. — Spektralgeräte: — Die allgemeinen Fragen der Aufspaltung. — Die allgemeinen Fragen der Fokussierung. — Spektrographen für einparametrige Strahlung. — Ältere Spektrographen für zweiparametrige Strahlung. — Massenspektrographie mit doppelter Fokussierung.

Jahrbuch der AEG-Forschung.

Ursprünglich (Band 1—5) Jahrbuch des Forschungs-Instituts der Allgemeinen Elektricitäts-Gesellschaft.

Erster Band 1928—1929. Mit zahlreichen Textabbildungen und Tafeln. 240 Seiten. 1930. Vergriffen.

Zweiter Band 1930. Mit 450 Abbildungen, 47 Zahlentafeln und 3 Tafeln. 332 Seiten. 1931. Vergriffen.

Dritter Band 1931—1932. Mit 301 Textabbildungen. 205 Seiten. 1933. Ganzleinen RM 18,—

Aus dem Inhalt: V. Elektronenstrahlen: Gaskonzentrierte Elektronenstrahlen und ihre Anwendung. — Geometrische Elektronenoptik. — Mitarbeit der AEG an der Nordlichtforschung.

Vierter Band 1933—1935. Mit 318 Textabbildungen und 14 Zahlentafeln. 196 Seiten. 1936. Ganzleinen RM 18,—

Aus dem Inhalt: II. Elektronenstrahlen: Fortschritte auf dem Gebiet der geometrischen Elektronenoptik. — Entwicklung technischer Elektronenstrahlröhren und ihre Anwendung.

Fünfter Band 1936—1937. Mit 255 Abbildungen und 9 Zahlentafeln im Text. 172 Seiten. 1938. Ganzleinen RM 18,—

Aus dem Inhalt: II. Elektronik: Elektronenbewegung (Fortschritte 1935 bis 1937). — Elektronenemission. — Elektronengeräte.

Sechster Band 1939. Mit 232 Abbildungen, 11 Tabellen und 15 Zahlentafeln. IV, 204 Seiten. 1939. Ganzleinen RM 17,—

Aus dem Inhalt: II. Physik: Über die Elektronenbewegung in hochfrequenten Wechselfeldern (Laufzeiterscheinungen). — Geschwindigkeitsmodulierter Elektronenstrahl in gekreuzten Ablenkfeldern. — Die Elektronenlinse mit Laufzeiterscheinungen. — Über Achromasie von Elektronenlinsen. — Zur Wirkungsweise des Elektronenvervielfachers. — Geschwindigkeitsänderung der Elektronen im Ablenkkondensator bei Ultrahochfrequenz. — Modellversuche über die Elektronenbewegung in Wechselfeldern. — Beiträge zur Theorie der Barkhausen-Kurz-Schwingungen. — Zur Theorie der Elektronenpendelung im Hochfrequenzfeld. — Beobachtungen über die Sekundärelektronen-Emission von Alkali-Aufdampfschichten mit einer oszillographischen Methode.

Siebenter Band 1940. Mit 282 Abbildungen und 6 Zahlentafeln. IV, 181 Seiten. 1940. Ganzleinen RM 17,—

Aus dem Inhalt der ersten Lieferung (Sonderheft Übermikroskop): Zur Einführung. — 10 Jahre Entwicklung. — Das Zweipolsystem als Ziel rein elektrischer Abbildungsgeräte. — Über Fehler von Elektronenlinsen. — Eine neue magnetische Linse kleiner Brennweite. — Das Problem der Bildentstehung. — Das Elektronen-Schattenmikroskop. — Das elektrostatische Elektronen-Übermikroskop. — Untersuchungen *über die Spannungsfestigkeit der Elektrodenmetalle* für die Linse des Übermikroskops. — Einschleusung von Objekt und Platte. — Anwendung des Übermikroskops in der Kolloidchemie und Metallurgie. — Anwendung des Übermikroskops in der Bakteriologie, insbesondere für Versuche der Kapseldarstellung. — Die Bedeutung des Elektronenmikroskops für die experimentelle Virusforschung.